不为人知的善行，藏着改变命运的密码

福报的秘密

知名自媒体博主
《历史因果录》心强 著

团结出版社

© 团结出版社，2025 年

图书在版编目（CIP）数据

福报的秘密 / 心强著 . -- 北京：团结出版社，
2025. 7. -- ISBN 978-7-5234-1714-0

Ⅰ . B848.4-49

中国国家版本馆 CIP 数据核字第 20251QL636 号

责任编辑：王思柠
封面设计：宋　萍

出　版：团结出版社
　　　　（北京市东城区东皇城根南街 84 号　邮编：100006）
电　话：（010）65228880　65244790
网　址：http://www.tjpress.com
E-mail：zb65244790@vip.163.com
经　销：全国新华书店
印　装：北京天宇万达印刷有限公司

开　本：145mm×210mm　32 开
印　张：9　　　　　　　　　字　数：198 千字
版　次：2025 年 7 月　第 1 版　　印　次：2025 年 9 月　第 2 次印刷

书　号：978-7-5234-1714-0
定　价：58.00 元
　　　　（版权所属，盗版必究）

推荐序

　　福者，人之所趋；祸者，人之所避。然世人求福不得、避祸不能者，盖不知自然之道，祸福之理也。

　　善友心强，搜罗历代史书及笔记中阐发因果、劝人向善之典故，制作成短视频，取名为《历史因果录》发布，拥百万粉丝，启亿万心灵，功德巍巍，不可名也。余劝其选取精粹，编撰成书，其选编若干，汇为一册，取名曰《福报的秘密》，旨在令人行善，自求多福也。盖福报者，果也。果从因生，不植福报之因，欲求福报之果，则如缘木求鱼，不可得也。世人所求之福，不外财富也，健康也，智慧也。其因俱不离布施。行财布施自得财富，行法布施自得智慧，行无畏布施自得健康。然布施种福，当择福田，福田有三，谓恩田、敬田、悲田也。吾人若能孝养父母，则恩田不荒；若能事奉师长，则敬田不芜；若能悲悯大众，则悲田润泽，其福无涯也。其行之者，唯在一心。六祖云：一切福田，不离方寸，从心而觅，感无不通。此乃致福之理也。明得此理，一切事行，不离此道，福即不求而自至也。然求福者，当知修慧，求慧者亦当修福，福慧双修，达至圆满，即臻圣域，则为世间无上福田，亦令一切大众，得无量福也。是书即将刊行，心强仁者问序于余，略述数语，与读者诸君共勉。

萧祥剑

二〇二四年（岁次甲辰）十二月

自序：你若发心，必有护持

2018年，我面临着事业转型。当时正好看了许多历史故事，于是萌发了一个想法，想把这些故事编辑成一本日历，也算是转型文化行业的一个开始。

可事与愿违，过完年日历连一半也没卖出去。我很郁闷，看着满屋子堆积如山的日历，我只能"死马当活马医"，干脆注册了一个公众号，每天发一篇故事，心想卖不出去让大家看看也好。

本来不抱什么希望，可一个月后竟然好评如潮。大家都深深被这些故事所吸引，关注的人也越来越多。再后来短视频平台爆发，我把这些故事录制成短视频，没想到更受欢迎。

随着关注的人越来越多，我开始意识到：因果教育关乎到每个人的慧命，提笔就要为所有读者负责，稍有不慎或误导，就会有极重的因果。所以我只转述古人的故事，尽量不表达个人观点。

随着读者反馈越来越多，我开始意识到：整个时代都在追逐创造物质财富，而我们的内心和精神世界，从未有过片刻安宁。

于是，我悄悄发了一个心愿，确定了毕生的志向：劝善、因果、道德教育。我愿以毕生精力，为"知因果、正人心、劝行善、净风气"奉献绵薄之力。

五年下来，我放下了所有工作，全身心投入到查阅资料、翻译、编写的工作中，夜以继日。我查阅了几十种古书，编写了1500多个历史因果案例，甚至除夕、大年初一也不断更。我熬过很多个夜，掉过很多头发，错失了很多陪伴家人的时间。所幸的是：全网粉丝累计超过百万，阅读次数超亿次。越来越多的人开始注重因果、道德和劝善教育，开始留意自己的起心动念、言行举止。

印光大师曾说："因果者，世出世间圣人平治天下，度脱众生之大权也。""欲挽世道人心，尤须以因果报应之事理，为第一著。知因果报应，自可勉为良善。""知因果，则不敢损人以利己，伤天而害理矣……语以因果报应，勿道即信，纵令不信，亦当惕然惊惧。"

我讲不了什么高深玄妙之理，只能劝大家"诸恶莫作，众善奉行"；我没有什么才德，只是转述古人的故事，信而好古，述而不作；我更没什么智慧，只能劝大家相信，多积福德，先保住人身再说。

五年来跌跌撞撞，走到今天。首先感谢萧祥剑老师。几年相处，受益良多。他鼓励我坚持创作，为我提供了一个良好的创作环境，甚至在这本小书结集前，他还亲自帮我归纳、分类、编辑，以便大家更方便地阅读。

我还要感谢我的恩师和师母。他们在修行路上十几年如一日地对我言传身教，令我不断提高，终生难忘。

还要感谢所有背后默默奉献的各位仁者：闫飞师兄、阳师兄、如烟师兄、花雨满天、小强、阿焦以及谦德文化的所有同仁，有了他们的校对、供稿、录制、剪辑、编辑，才让大家每天都能看到全新的"历史因果录"。

  而当你不断阅读这些故事,你能发现因果背后的命运规律,你也能够了解几千年来流传于世间的——"福报的秘密"。

  谨以此书献给所有中华古圣先贤,若无开拓,无有传承。

  谨以此书献给所有粉丝及阅读者,圣贤教育,我辈有责。

  愿我中华民族传统文化薪火相传,风行世界;愿此世间人人向善,国泰民安!

2025年孟夏于北京

目录

PART 001 福报背后的秘密 / 1

这才是大福之人的样子! / 2

所有福报背后的秘密,都在这里了! / 4

有大福报的人,多半有这个特征 / 7

不贪美色的人竟有这样的福报 / 9

存这样的心,福报来得就是快! / 11

不要提前把福报享完 / 13

学会惜福 / 15

千万不要嫌弃你的另一半 / 17

不要一边积福,一边全漏…… / 19

一人劝一人,作福两平分 / 20

见不得别人好,竟然如此损福! / 21

PART 002 阴德的力量 / 23

阳善享世名,阴德天报之 / 24

阴德不说,福报不断! / 25

子孙发达,要考察祖上的阴德 / 26

这件事大积阴德,很多人却不敢做 / 27

阴德对后代的影响不可思议 / 29

你的阴德，暗中为你挡了多少祸？/ 30

12岁大积阴德，80多岁富贵善终 / 32

你所有的损失，阴德都会补给你 / 34

广积阴功，福报直接拉满！/ 36

PART 003　戒色，是一种高度的自由 / 39

戒色，是一种高度的自由 / 40

拒色就是积德 / 42

淫念一起，福报立消！/ 44

好色减福！/ 46

两次拒绝美色，福报不可思议 / 48

欲求如意妻，先做干净郎！/ 50

起了淫心邪念，千万不要付诸行动！/ 51

邪淫之后彻底改过，福报又回来了 / 53

精气神不足，不会有所建树 / 54

PART 004　布施得福 / 55

布施欢喜 / 56

没钱怎么布施？/ 57

在窗台上布施小鸟，意外发生了 / 58

教书也是布施吗？/ 59

布施四十年养老金，高寿百岁而终 / 60

布施了几天鸟，突然拿到一万多人民币 / 61

无相布施，才究竟圆满 / 62

暗中布施，果报不可思议 / 64

这样布施不但功德小，而且还造业 / 65

PART 005 惜食惜衣，非为惜财缘惜福 / 67

弘一大师留给世人的积福方法 / 68

老一辈人一生也没说出来的福报的秘密 / 70

101岁老人，告诉你福报的秘密 / 72

宰相福报耗尽，晚年不得善终 / 73

福报耗尽后，会怎么样？ / 75

不要"身在福中不知福" / 77

这么做，我就不担心孩子将来没福报了！ / 78

如何查自己的福报，对比一下就知道了 / 80

菜叶子黄了还能吃吗？ / 82

南怀瑾先生家被强盗洗劫，竟是这种因缘！ / 84

诸恶莫作，才是真正的惜福！ / 85

这样做，福报三年就耗尽 / 88

PART 006 积德改相，行善改命 / 91

积德的关键是"积" / 92

积德改相，行善改命 / 94

左宗棠：祖上四代积德，终出晚清名将 / 96

祖母积德，孙子官至一品 / 98

四朝元老，祖上这样积德！ / 100

陈廷敬：四代人散财积德，子孙代代富贵 / 101

把积蓄变积德，这种积福方法太狠了！ / 103

全家行善积德，为什么还暴病而亡？ / 104

一念之善，换来子孙三百年福报！/ 106

大善人在的地方，哪里都是福地 / 107

善业在身，化解大祸 / 109

范仲淹：一家富贵，不如全天下富贵 / 111

修庙之后，金榜题名 / 112

祖上没积德，你还有救吗？/ 113

PART 007 爱鼠常留饭，怜蛾不点灯 / 115

动物求你，如同你求苍天 / 116

放生蛇反被蛇咬，原来是蛇在报恩！/ 118

为了我的病，要杀100只鸟，我宁死不做！/ 119

连续百年戒杀放生，四代子孙五子登科！/ 120

道教张天师有"四不吃"，这些你吃吗？/ 122

苏东坡母亲不残鸟雀，为苏家积了大福！/ 124

我家世代不吃牛肉，已经200多年了 / 125

蔡京：一顿饭杀三百只鹌鹑，子孙个个遭殃 / 126

常遇春：开国名将40岁暴亡的因果 / 128

布施麻雀，竟然救了全家20人！/ 130

放生九年还没改命，换种方式阴德拉满 / 131

启蛰不杀，方长不折 / 133

跨越300年的历史因果线 / 135

买牛放生，高中举人 / 136

不花钱就能放生的方式 / 137

梦到自己只能活18岁，放生后惊天反转！/ 138

PART 008　人有实德，天有奇报 / 139

人有实德，天有奇报；黄河决堤，不淹善人 / 140

修桥铺路积大福 / 141

高人指点他说，你要修桥三百座 / 142

无福寒门，这件事后却惊天翻盘！ / 143

我不希望有人落水，但我希望那些落水的人能遇见我 / 144

救人亲者，亲恒为人所救 / 146

救了3800名孤儿，他的后人竟是开国元帅！ / 148

这种行善方法，福报来得十分迅猛 / 150

为什么我要帮你发财，因为你可以帮助更多的人 / 152

PART 009　身在公门好修行 / 155

公门之中好修行 / 156

大明王朝唯一善终的开国功臣，究竟积了多少福报？ / 158

欧阳修：我的福报从哪里来？ / 160

什么样的人能"逢凶化吉"？ / 161

被人算定不得善终，却因这件事逆天翻盘 / 162

如果你的钱是干净的，请放心，家运会慢慢好起来 / 164

肉眼看不见的福报，真的就不存在吗？ / 166

和珅的悲惨结局：断子绝孙！ / 168

行半点亏心事，远在儿孙近在身 / 170

PART 010　积善之家，必有余庆 / 171

保留一片良好心田，留福田与子孙 / 172

九代同堂之福，全靠这个字 / 173

你把孩子的福报都花了,你问过孩子吗? / 174

这两个家族为了避免福报跌停,做了这件事! / 176

两亿家产,半分不留后代! / 178

他给儿子留下这样东西,儿子竟成为大唐第一名相 / 180

家有贤妻,不遭横祸 / 181

不嫌弃老婆的人,有多大福报? / 182

夫妻同时行善,福报又猛又快 / 184

夫妻之间一定要相互提醒,莫造恶业 / 186

嫁女儿时嫌弃男方穷,却错过一位兵部尚书 / 187

如果不对你狠点,你的福报和寿命都会受影响! / 189

怎样确定孩子有没有福报? / 191

父母给孩子买东西,千万要注意福报 / 192

PART 011 货悖而入者,亦悖而出 / 195

分外之财不可欲,分内之财不可足 / 196

千万不要侮辱财神的智商 / 197

发了意外之财,千万注意要这么做 / 198

财运没到,不要乱花钱 / 200

欠钱不还的悲惨后果 / 202

你的横财,究竟从哪里来? / 204

财富聚集却是结怨所在 / 206

你家有没有"金银之气"? / 207

南怀瑾:发了横财,也不要独占 / 209

他做生意次次留余地,次次都挣钱! / 210

破财,是怎么破的? / 212

如果赚了不该赚的钱，该怎么补救？ / 214

西汉高人的财富观，学会你将终生"有余" / 215

德行有亏先破财 / 217

PART 012

量大福大 / 219

心量打不开，福报进不来 / 220

当你学会了替天容人，积福之门从此大开 / 221

有大度量之人必有大福 / 222

凡事宽以待人，得饶人处且饶人 / 223

天道终不负人 / 224

为什么风水的力量大不过人心？ / 226

世事让三分，天空地阔 / 227

让步为高，宽人是福 / 229

你自己不行善，千万不要阻人行善！ / 230

人若欠你，天必还你 / 231

当你生气的时候，请立刻想到这句话，妙用无穷！ / 233

人走运时还能这样做，必能长久兴旺 / 234

PART 013

福不唐捐，善不空行 / 237

如果命运无法改变，那就一直行善 / 238

大量行善命运还没改变，可能是这个原因 / 240

当你倒霉透顶时，千万要做这件事 / 241

人生走投无路时，善事千万别停 / 242

行善必须无求吗？ / 244

这类文字只要在世上流通，都是功德无量！ / 246

帮别人清除障碍，你的人生自然无障碍 / 247

93岁老人，竟用这种方法为子孙积福 / 248

一念小善的惊人厚报 / 249

那些说"好人没好报"的，你们应该好好看看 / 251

40年，做了一万多件善事 / 252

没钱，你可以劝人行善啊！ / 254

PART 014 **不占便宜，吃亏是福** / 255

便宜好占恨难消！ / 256

老天要帮的人，谁也拦不住 / 257

占公家便宜，因果有多严重？ / 258

这种便宜千万别占，尤其要劝父母 / 259

懂因果的人，绝不会占便宜 / 260

粉丝看了我的视频后，准备退出公司股东 / 261

父母无德，会不会祸及子孙？ / 263

等我儿子快饿死时，请把这笔钱交给他 / 264

你上街买菜，不要过分挑拣 / 266

千万不要占小商贩的便宜，否则亏大了！ / 267

一辈子都喜欢占便宜，结果得了这个病 / 269

我可以免费，但你不能贪心！ / 270

喜欢占便宜的人，命好不了 / 271

Part 1

福报背后的秘密
The secret behind the blessing

这才是大福之人的样子!

清代名臣汤金钊是四朝元老,他有一次经过宣武门,自己的车夫不小心碰翻了街边卖菜老翁的篮子。老头嚷嚷着要求赔偿,汤金钊客气地问:"老人家,您的菜多少钱,我赔给您。"

老头儿张口就说:"非一贯钱不可!"

汤金钊身上没带钱,他让老人和自己回家去取。可老人不乐意,说:"要赔就在这儿赔,谁知道去你家还有什么事!"并把动静闹得更大了。此时兵马司官员正好路过,便立刻要将老人带回衙门。老人惶恐不安,当即磕头求饶。汤金钊却对兵马司官员说:"没必要,你借给我一贯钱赔给他吧。"

赔完钱后,汤金钊并没有离开,故意拉着兵马司官员说了一会话,直到老人完全消失才离开。原来他是担心官员事后为难老人,所以故意拖延了一会,让老人安全离开……

这一幕大家是否也似曾相识呢?就像"我的车把人剐了,对方找我要1000块"这样的事。那么,今天我们很多人是如何对待这类事情的呢?官居高位的汤金钊又是如何处理的呢?相比之下,汤金钊家族富贵持久、子孙绵延,难道不是合情合理的吗?

(出自近代·易宗夔《新世说》)

所有福报背后的秘密，都在这里了！

清代名臣纪晓岚曾在《阅微草堂笔记》中讲过一个故事。

他家侄儿和家里仆人的小孩是同一时间出生的，两家产房只有一墙之隔，窗户又相对应，两个婴儿同时呱呱落地，时辰几乎一分一秒都不差。可是，侄儿只活了十六岁就夭折了，而仆人的孩子却一直健在！

纪晓岚思考背后的原因认为：这两个孩子命里所带的福禄差不多，侄儿生长在富贵之家，娇生惯养，十六年中，早把一生的禄数消耗尽了，而仆人家的孩子生长在贫贱之家，平常粗茶淡饭，消耗无多，自然他的禄数就可以用得久点。

这个故事揭示了一个福报背后的规律：平衡。

吃穿受用都是福报，寿命也是福报。在福禄一定的情况下，吃穿受用的福报越多，寿命就少了；吃穿受用的福报用得少，寿命就长。此消彼长，这就是平衡。

其实平衡法则也是福报规律的底层逻辑。普通人的一生，善恶参半，命运不会出现太大的变数。大善大恶之人打破了"善恶参半"的平衡,命数就有了变化。大善之人积善更多,多出来的善必然有多出来的福报,命运也会向更好的方向变化。这样我们也就能理解为什么说"积善之家必有余庆,积不善之家必有余殃"了。"余庆"是对"积善"的平衡,"余殃"是对"积恶"的平衡。

理解了平衡法则,很多积福的规律我们就会豁然开朗。

为什么说小舍小得,大舍大得,不舍不得?因为"舍"和"得"之间也存在着平衡。为什么不能占便宜,占便宜表面上看是得了便宜,但往往也会以失去福报来平衡。

为什么说吃亏是福?主动利他的吃亏,表面上看是失去了什么,但背后其实会获得福报来平衡。人亏了你,天会补你。

为什么小孩不能享福太过?因为人的福禄有定数,如果小时候把福享过了,未来的福报就少了。

为什么要积阴德?因为别人的夸赞及好的名声会耗费一部分福报,得到的夸赞多了,被名声抵消的福报多了,根据平衡法则,最终得到的福报就相应少了。

为什么同样一件善事,发心不同,福报也会不一样?因为除了事情本身,利他的发心同样也是一种善,只要是善就会有相应的福报。所以同样一件善事,发心越利他福报越大,而有的人可能只是为了一己之私博取名声,所做的善事福报就少很多了。

《心相篇》有句很经典的话:"甘受人欺,有子忽然大发。"

其实说的是忍辱得福,为什么忍辱会有福报呢?因为忍辱本质上是一种"吃亏",别人诽谤了你,别人骂了你,你不动气不还嘴,表面上看是吃了亏,失去了面子、尊严,但根据平衡法则,其实无形中获得了厚福。陈佩斯的父亲、葛优的父亲都是演反派的演员，有的观众入戏太深，就追着这两位明星的父亲骂，而他们的父亲也不气不恼，说观众是骂那个角色，不是骂我。结果不仅自己长寿，孩子也当了明星，大家才发现原来挨骂也是福。演反派的演员毕竟只是演员，本人并不是恶人，他们承担了不该有的骂名与欺侮，根据平衡法则，自然会获得厚福。

现在很多人断恶修善不坚定，其实就是对平衡规律没有深刻的认识。要相信：你做的每件善事或恶行，最后都会有对应的福祸来平衡。

（出自花雨满天）

有大福报的人，多半有这个特征

明代官员、文学家曾鹤龄，永乐辛丑年（1421）与一众举人乘船赴京会试。当时船中个个都是举人，因此人人春风得意。唯独曾鹤龄沉默寡言，貌似无能。甚至大家找一些难题问他，曾鹤龄也一概说不知道。因此大家都笑话他，说这人估计是偶然中举的！还给他取了个外号叫"曾偶然。"

然而谁也没想到，这场科举曾鹤龄独占鳌头，高中状元！而那一船举人没一个考中的！后来曾鹤龄写了一首诗说："世间固有偶然事，不意偶然又偶然。"意思是：世间固然有偶然之事，可哪有那么多偶然之后又偶然呢……

还有一例。

明代隆庆五年（1571），袁了凡赴京会试。同行十人，他却指着其中一位说："丁宾今年一定会高中。"大家都问："您是怎么看出来的呢？"袁了凡说："惟谦受福。你看我们十人之中，有像丁宾一样小心谨慎、忠厚老实，一切不抢在人前的吗？有像他一样恭恭敬敬、逆来顺受、谦逊敬畏的吗？有像他一样受辱却不理睬，遭受毁谤却不争辩的吗?一个人能做到这样,就是天地鬼神也要护着他,岂有不发达之理呢?"丁宾后来果然高中,后官至太子太保(正一品)。

所以,什么人一看就有福?惟德动天,惟谦受福!

写到这里,我手头上正好有一件几乎一模一样的事。当代百岁学者何光荣先生有一次这样说:"我考北大的时候,我们江西到武汉考区去考学校(北大),有20多个人,我记得很清楚,他们都好吹牛,说这个问题这么讲,那个问题那么讲,他们都说的条条是道,我是不敢说。后来他们没有谁考上了,20多个人,就我考上了……"

(清·陈镜伊《道德丛书·考试佳话》)

不贪美色的人竟有这样的福报

明代陕西人苏汝惠，六岁丧父，母亲给他定了一门娃娃亲。不到半年，母亲也去世了。苏汝惠的未婚妻成年后不仅相貌丑陋，而且还瘸了一条腿。但苏汝惠依然坚持将她娶过门，夫妻感情十分和谐。有个朋友开玩笑说："听说你老婆面目可憎，为什么不另买一个婢呢？"

苏汝惠说："这是我母亲为我定的亲，她所戴的簪环都是我母亲的遗物。我若憎恶她，就是忘了母亲。论情感，这等于贪色；论罪业，这等于不孝。我怎么忍心那样做呢？"后来苏汝惠以武生进入官场，官至总兵。

古人云，福在丑人边。如果嫌弃自己的老婆或老公，这种嫌弃心已经把福推到外面去了。同时，福更在有德人之边。替天容人，不背信弃义，不贪美色，这样的人又怎会没福呢？

宋代郑叔通，小时候与夏氏女儿定了娃娃亲。郑叔通科举高中后，夏氏女却成了哑巴。郑家想退亲另选，但郑叔通坚决不同意，并说："这个女子我若不娶她，她终身都嫁不出去。况且好的时候订婚,病了就抛弃,这是人做的事吗?"他最终坚持娶了夏家哑女,夫妻十分和睦。后来郑叔通官至朝奉大夫,哑女还为他生了一个儿子,也科举高中,入朝为官。

(出自《觉世篇注证》《感应篇集注》)

存这样的心，福报来得就是快！

清代广东南海县叶秀才，家贫辍学，在广西办理盐务，省吃俭用攒了300多两银子。道光十三年（1833）广东饥荒，叶秀才十分着急，担心乡民无法生存，毅然把自己积攒多年的钱财倾囊相助，救济饥民。一人提倡，众人呼应，于是灾年成就了一桩大善举。

两年后，叶秀才参加乡试。有认识他的人说，你今科必中。也有人笑着说："他学业已经荒废十年，怎么可能考中呢？"那人说："他的文字水平如何我不知道，但他救济饥民却是尽心竭力！如今见他风度姿容已和往日大不相同，因此料定他必中，我们拭目以待吧！"放榜后叶秀才果然高中。第二年又喜得贵子，从此家道宽裕，健康安宁，"弯道超车"……

清代学者梁恭辰说，捐资千万的人，为什么没有听说过他们有如此迅速的福报呢？因为叶秀才是贫寒士子，却能倾囊相助，格外难得。他很快就得到功名、子嗣，不是应该的吗？

所以说，如果行善只以金钱多少来衡量，那么穷人永远也无法超过富人。如果行善以发心大小来衡量，一分钱的功德，也可能超过百千万亿。财力有限,但发愿、发心,可以无穷大……

(出自清·梁恭辰《劝戒录·叶生》)

不要提前把福报享完

明代名臣赵大佑儿时晚上读书，偷偷揣了些木炭想用来暖脚。结果被祖父赵崇贤发现，呵斥他说："你少年读书，应该习惯于勤苦，你竟这么不耐寒吗？就像霜雪天，朝臣们在寒冷中等待上朝，也同样难免寒苦！人生未老而享既老之福，则终不老；未贵而享已贵之福，则终不贵！"什么意思呢？人还没老就开始享老年之福，则终不能到老；还没富贵就开始享富贵之福，则终不会富贵！

赵大佑从此谨记祖父教诲，寒夜苦读，25岁即高中进士，后官至南京刑部尚书。

这个故事对现代的家长很有启发意义。

现在的孩子们，刚出生就备受呵护，一切都按贵的、好的来买。稍微长大点，衣服、鞋子及一切吃穿用度都越来越好、越来越多、越来越贵。天热了就各种降温解暑，天冷了又各种皮衣羽绒服，一有风吹草动就请假不去学校，一有点委屈就批评老师、怒告学校。你以为花的是你的钱，其实用的都是孩子自己的福报！十分福，用十分，将来还剩多少？又有多少福可用？

扪心自问，我们自己有没有"人生未老而享既老之福"呢？我们有没有让孩子"未贵而享已贵之福"呢？相信我们心里是有数的……

(出自《德育古鉴》)

学会惜福

清代著名"绍兴师爷"汪辉祖曾说,有个高官的爱妾生了个儿子,下属用绣了珍珠的蟒袍做礼物,高官很高兴。一时间,下属们都来送蟒袍,足足有200多件!

可汪辉祖却说,这孩子估计长不大,即使长大了恐怕也会败家。

大家都很奇怪。汪辉祖说,蟒袍不比寻常衣服,哪怕你20岁中状元,30岁做宰相,80岁荣归故里,一辈子也穿不了200多件!这孩子刚出生就享用了一辈子的福,恐怕福报已经耗尽了。

大家不以为然,都笑汪辉祖迂腐。但没过几年,这位高官就因罪革职,儿子也因此入狱,不久就病死了……其结局果然被"绍兴师爷"言中。

这个故事提醒我们:不要以为给孩子用最贵最好的东西是什么好事,这些用的都是他们自己的福报。

弘一大师说:惜食,惜衣,非为惜财缘惜福。明代名臣赵大佑的家训中也说:人生未老而享既老之福,则终不老;未贵而享已贵之福,则终不贵。

所以,父母真正地爱孩子,是珍惜他们的福报,教他们惜福。

(出自汪辉祖《双节堂庸训》)

千万不要嫌弃你的另一半

佛教典籍记载,佛在世时,有夫妇二人,敬信三宝。妻子去世后,升到忉利天为天女。她观察到原来的丈夫出家为比丘,天天打扫塔庙,于是勉励他精进修行,争取早日升天再做夫妇。丈夫因此更加精进。可有一天,天女又来对丈夫说:"你的功德已经超过我了,我不能再让你做我丈夫了。"

这个故事告诉我们,所修福业相当,方能成为夫妻,否则成不了夫妻。所以,千万不要嫌弃你的另一半,也不要再说谁沾光,谁吃亏了。有的人总觉得对方不行,你配不配得上还两说呢!

夫妻双方某些方面不均等很正常,但福报不仅是收入和社会地位,寿命、相貌、名誉,甚至子女等等,都是福报的体现之一。有些人说男人事业有成,女人一事无成,你怎么知道男人的事业有成,没有女人的福报在里面呢?

灰姑娘能嫁入豪门那是她的福报,也不要觉得庆幸或高攀了,这本来就是你自己的福报,要感谢过去的你。同理,能娶富家千金也是你的因缘。如果福业不相当,又怎能在一起呢?

所以有时候夫妻吵架,本来气得不行,后来一想福业相当,方为夫妇,气一下就消了。对方再不好,你都要想想,自己缺在什么地方了?或者他/她的哪一方面比你更好?因为福业相当嘛,不是一家人,不进一家门!这个方法很管用,大家不妨试试。

(出自《分别功德论》)

不要一边积福，一边全漏……

你辛苦修的福报，因为这件事全漏了！

哪件事呢？口业！

现在的网络太发达，每天都有新闻。键盘很方便，恶口、两舌、绮语、妄语，很多人已经习以为常，负面语言张口就来，造口业无处不在。很多人并不是天天做缺德事，但难听的话却可能每天在说。日复一日，其他地方积的福，因为嘴巴全漏了。

传别人隐私习以为常；说他人丑闻津津乐道；见人行善不但不随喜，反而心生怀疑，指责别人带有目的；看别人拿高倍放大镜，看自己全都占理；说别人头头是道，说自己手下留情……可是这些对自己有什么好处呢？徒逞口舌之快，而自己辛辛苦苦修的福报，因为一张嘴、因为一副键盘，全漏了！

清代中兴名臣曾国藩曾说，自古以来，凶德致败者有两种，一是骄傲，二是多言。所以劝勉大家：嘴下留情，口中积德。千万不要一边积福，一边全漏……

一人劝一人，作福两平分

你知道劝人行善，自己得几分福报吗？

明代吴文英，一生喜欢劝人放生为善，时间一久讲得大家都烦了。因此有人讥笑他说："你总是劝人行善，可最终都是别人在行善，对你有什么好处？何苦如此令人生厌？"但吴文英始终不后悔。

后来他以这件事请教听雪禅师，听雪禅师说："经上有云，一人劝一人，作福两平分，一人劝九人，作福十人分。理可深信，义可类推。"什么意思呢？如果一个人劝另一个人为善，所得福报二人平分；如果一个人劝九个人为善，所得福报十人平分。道理可以深信，义理可以类推。

吴文英此后更加努力劝人行善，终身无坎坷之忧。

所以你看，有的人总说不知道怎么行善，或者说没钱做善事，那劝人行善总会吧？有钱出钱，有力出力，无钱无力，劝人为善，同样善莫大焉！别忘了：一人劝一人，作福两平分，一人劝九人，作福十人分。

（出自清·江慎修《放生杀生现报录》）

见不得别人好，竟然如此损福！

有一次，我和一个朋友在看电视，看着电视里风光无限、光鲜亮丽的明星，我朋友愤愤不平地说，在过去这些人就是戏子，是下九流的存在。现在的社会把这些明星捧得太高了，没做什么贡献，凭什么可以这么风光赚这么多钱？

后来随着时代的发展，各种网红凭空出世。很多人看到网红这么能赚钱，心里极度不平衡，凭什么她们唱唱歌跳跳舞就能有无数粉丝，直播带货赚得盆满钵满？

面对他人的成功，其实真的不必忌妒。别人能成功，自有其因缘福报。香港有个大明星，大学读的是建筑专业，却凭着俊朗的外形阴差阳错踏入影视行业成为明星，这本身就是福报的体现。

网红也是如此，就拿最近在火车站唱歌走红的网红来说，他唱歌有人爱听，有人格魅力，这是他的才华；被流量砸中，这是他的机遇。不管是才华还是机遇，其实都是福报的显化。换句话说，能当网红的人，都是有这方面的福报。其他网红也是如此，要么有才华，要么颜值高，还有天时地利人和的机遇，因缘际会下，成功是顺理成章的事。他们发了财是因为他们具足发财的因缘，是他们的才华正好遇上了直播带货的时代。这种因缘不是每个人都有,所以真的不必看不惯,更不用心理不平衡。

我们身边经常会有同学朋友,一开始看起来普普通通,跟自己差不多或者不如自己,后来却顺风顺水甚至飞黄腾达。这时候,我们可能也会忌妒。其实,哪怕是同一个班上的同学,福报都不一样,际遇也千差万别。身边有人福报比我们好,是很正常的事。一味忌妒,不如多提升自己的福分。

要知道,见不得别人好,别人未必不好,但我们肯定不好。因为我们的内心有自私、忌妒等恶念,这些恶念伤不了别人,最终损害的是自己!

(出自花雨满天)

Part 2

阴德的力量
The power of Yin virtue

阳善享世名，阴德天报之

有个朋友，每年都会偷偷资助几个家庭困难的高考生，一直是别人替他联系，他从来不让对方知道自己是谁。我问他原因，他说："一是为了维护孩子们的自尊，让他们有尊严地接受帮助。二是不想让他们有思想负担，想着以后要报答什么。"我问他："那你图什么？"

他说："快乐和安心。这些年，我公司一直做得很顺利，由小到大，由弱到强，我觉得这一切都离不开自己的每一个善念，每一次善行。我做点好事不是为了扬名，只是让自己更心安。所以，我做了好事很少有人知道。"

你看，这就是为什么要多行善事，而且更要广积阴德。《了凡四训》中说：阳善享世名，阴德天报之。你有阳善就会世人皆知，就会出名，出名也是福报。但如果太过出名也会物极必反，造物所忌，所以那些非常出名却又名不副实的人，则会招祸。

而阴德呢？天报之。

阴德不说，福报不断！

明代麻城人刘仲輗（yǐ），家中贫困，从小宽容仁慈。在他新婚之夜，竟然有个小偷摸进他房里偷东西！他惊起一看，竟是认识的人！然而刘仲輗却对小偷说："我想你也是因为穷才做这种事吧！"于是当即把新婚妻子的首饰选了几件给小偷，并叮嘱说："你速速改过向善，我一定不会把这件事说出去。"后来妻子董氏常常问起这个小偷是谁，刘仲輗总是说："我已经答应他不说了……"

刘仲輗后来高寿89岁，家中吉庆喜事年年不断！子孙大多科举高中，官居高位。刘仲輗去世时，族里有个族子前来吊孝，摸着他的棺木痛哭流涕。此人平时颇有善行，后来人们猜测也许他就是当初那个小偷——受刘公感化，从此成为一方善人！

所以，自己之善、他人之过，都不宜四处宣扬，但他人之善却可以大大宣扬。扬人之善，莫扬己之善；容人之过，莫容己之过。这样阴德阳善，样样俱全！

（出自《人鉴》）

子孙发达，要考察祖上的阴德

明代官员薛玠，公元1502年高中进士。在考试前的一个月，薛玠梦见自己的父亲和另外两个老人一起，同时对自己说："你只说中举人、中进士容易，可是却先要考察我们的阴骘！这中间受了多少辛苦，才得到你的荣显。我儿应当继续积德，以遗子孙。"

阴骘，就是阴德的意思。

薛玠于是问父亲另外两位老人是谁，父亲说："一个是你祖父，一个是你曾祖父。"薛玠醒后，将这个梦告诉他人并记录下来。一个月后他高中进士。

所以，不要以为自己的成功和发达都是个人的能力和幸运，也不要觉得是偶然。也许你的成功就有祖上的阴德。要感谢祖上和过去的你所积的阴德与福报。也不要觉得自己祖上默默无闻，没有多少光可沾。终有一天我们会成为子孙们的祖先，如果自己不勤修福德，将来又有多少阴德留给他们呢？

（出自清·刘沅《太上感应篇注释》）

这件事大积阴德,很多人却不敢做

我们隔壁村出了一位高官,他的曾祖父高寿,天天修路;他的爷爷在路边摆茶,比如冬天的姜茶,夏天的鱼腥草茶等等,也是民间的草药师。他的父亲在五六十年代参与修水利,白天干活,晚上收尸掩埋……他祖上还在江边设了义渡,在路口建立善堂。我老家小溪上的桥是他家修的,石碾也是他家出资购买的。

后来他家出了那位高官。

今天讲这个故事,先不说别的行善积德的事,单说一下路边施水。别的善事不一定赶得上,但这件事很多人都能做。我之前做过一个劝大家夏天多施水的内容,简单却积德甚大。但很多人说,现在的人你给他水他都要怀疑是不是下了药,不敢接。

我想说的是,你要是这么去想,那你后面的行动肯定没多大力度。别人是怎么做的呢?在路边发一瓶水没人敢要?那在路边摆一箱水、摆十箱水并写一个牌子免费送水呢?这样别人还怀疑你吗?开店的在店门口摆几箱水,写上免费领取,送给人喝,过往的行人会怀疑你吗?有条件的夏天熬绿豆汤、酸梅汤,冬天熬姜茶,这不是布施是什么?这能花几个钱?但这是积德!如果你是开店的,做好这件事,广结善缘,同时又打了一拨广告,何乐而不为呢?

行善不仅仅是发心,还要有真行动,还要有善巧方便。

所以说,不要问自己为什么没有福报,我们看看身边那些榜样都是怎么做的,问问自己,差距在哪里?又行得了几分?

(出自粉丝讲述)

阴德对后代的影响不可思议

明代幕僚徐汝龙,有一次在江南发大水时,代官员严讷起草赈灾奏折,但严讷还有些犹豫,找人来占卜。徐汝龙偷偷告诉卜者,一定要弄成吉卦。结果严讷看到"吉"后立即上奏。一次及时的赈灾,救活了无数人!

徐汝龙曾孙徐开法,有一次遇见某将领假装土匪抢了几百名女子,并关押在徐家,严命徐开法监守。结果徐开法将这几百名女子全部放走,然后一把火烧了自己家的房子,谎称失火,那些女子都已葬身火海。将领一看徐家自己房子都烧了,只能离去……

两代人积德如此,子孙又如何呢?

徐开法三子徐元文,顺治十六年高中状元;长子徐乾学,康熙九年高中探花;次子徐秉义,康熙十二年高中探花!三兄弟竟然都高中前三,均列当朝显贵,世称"昆山三徐"。这种情况史上可谓罕见。

(出自《安士全书·文昌帝君阴骘文广义节录》

及钱泳《履园丛话》)

你的阴德,暗中为你挡了多少祸?

清代名臣纪晓岚十岁时在外婆家避暑,有一天在楼上看见有几十人陆续登上一条船。众人推搡之际,有个老人不知道被谁一拳打入水中。等老人挣扎着起来大骂谁这么不长眼睛时,船已经开走了,只有老人一人没有上船……

当时正值雨后,河水暴涨,有艘运粮船顺流急下,没控制住,竟然将刚开出的渡船撞得粉碎!刚登上船的那几十人全部落水遇难,无一幸免!这时那名被打下船的老人才觉得自己侥幸逃过一劫,不住地合掌念佛。

大家都问老人本来准备去哪?

老人说:"我族弟收了人家20两银子,要把童养媳卖给别人做妾,今天就要立字据。我不忍心,于是把我家的田抵押了20两银子,准备坐船去把那女孩赎回来……"众人听完无不赞叹。

你看,这就是积德虽无人见,行善自有天知。

我们总是问,为什么我做了那么多善事福报还没来?可你知道你做的善事,暗中为你挡了多少祸吗?人为善,福虽未至,祸已远离……我们至今身体健康，家人平安，难道不是福报吗？没有事，难道不是最好的事吗？

（出自《阅微草堂笔记》）

12岁大积阴德，80多岁富贵善终

《安士全书》中记载，湖北麻城有位官员，多年来积蓄千金，准备赎回20年前自己卖掉的田产。按照契约，价格还是当年的价格。

他儿子当时只有12岁，在得知当年所有卖田费用后，认真地说："如果我们家要按当年的价格赎回田产，那当年买田的就吃大亏了！就算赎回，必伤阴德。我们有钱还怕买不到田吗？何必一定要争回那20多家的养命田呢？他们再用这些钱去买田，按今天的行情只能买一半了！再说穷苦人家，钱到手后很容易就花掉了。这必将让他们的生活更加穷困！"

要知道，这是一个12岁的孩子说的话啊！

父亲沉默许久说："我儿说得很有道理，那其他田就不赎了。但祖坟旁那18亩地一定要赎回。"儿子说："那就以当下的价格公平购买，不必说是赎回。"父亲全都依从，乡民们感激不尽。

这个孩子18岁时科举高中，后官至太守，80多岁富贵善终。

一般来说，按契约、按规矩办事，原价赎回田产也算合理。但我们做事更要合乎天理人心。一个12岁的孩子,虽然没有赎回自己家的田,却种下了一生的福田。

(出自《安士全书·文昌帝君阴骘文广义节录·不欺穷困》)

你所有的损失,阴德都会补给你

清代嘉庆年间,徐士芬、徐士芳两兄弟出游时,遇见一位妇人求签,原来是她的丈夫病重,借了高利贷买人参治病,心中忐忑,故来求签。

妇人走后,哥哥徐士芳忽然在神案旁捡到二十多两银子,笑着说:"今天不用担心酒钱了。"可弟弟徐士芬却说:"这一定是那妇人丢的,你既然知道她要救人,忍心把钱拿走吗?"但徐士芳觉得弟弟很迂腐,还是把钱拿走了。

不一会儿,妇人失魂落魄地回来说:"我和丈夫的命完了!"此时徐士芬却说:"我没能尽力阻止别人,是我的过错。我愿意代为赔偿,所以在这等你。"随即下山找亲友借贷,凑钱送给了妇人。

这年乡试,徐士芬考得不理想,已不抱希望,而哥哥徐士芳却高中了。但放榜抄写名字时,突然掉下一块蜡烛芯,正好把"芳"字下面的"方"烧掉了,只剩一个草字头。众官员说:"此人一定是做了坏事,为什么不换掉呢?"于是取出备用卷更换,谁知一拆开竟然就是弟弟徐士芬的试卷。众人都惊喜地说:"这下都不用涂改了,直接在草头下加一个'分'字就可以了!"就这样,不抱希望的徐士芬高中解元!第二年又高中进士。后官至内阁学士、户部右侍郎,青史留名。

所以,有时候你的善良、正义、慈悲和见义勇为,纵然有时会暂有损失,但阴德都会慢慢补偿给你,而那些自以为占了大便宜的人,损失的却恰恰是自己的福报。

(出自《劝戒录·徐侍郎》《劝戒录·借银代偿》)

广积阴功,福报直接拉满!

明代名臣王锡爵,为人谦恭温厚,广积阴功。万历二十一年,出任内阁首辅。虽然位极人臣,但他待人终生不变脸色。王锡爵无论大小寺院,只要来求题字的,他都题字护持。晚年请工匠用金银调汁画观世音菩萨圣像,并在上面书写《心经》,布施给他人供养。

王锡爵之子王衡,高中榜眼。

王锡爵之孙王时敏,增修世德,同样敬信三宝。每到黎明就开始洗漱,然后礼拜诵经。他曾对人说:"我17岁开始每天诵《金刚经》,至今已80岁,从没缺过一天。"王时敏还在收成不好之年,首创"粜(tiào)官米"赈灾制度,煮粥济民,存活无数。

有一年,王时敏的同乡陆允升,梦见自己到一座大寺庙,看见有六人挑着豆子,黄豆中杂有蚕豆。有人问这是做什么的?旁边一位老僧说,这是王时敏先生前生(过去)所积的善业,大善为一粒蚕豆,小善为一粒黄豆,一共整整六担!陆允升后来把梦境广而告之,人们才知道他所积的善业竟然这么多!

王时敏共生九子,孙子二十余人,皆金榜题名,地位显要。其第八子王掞,为康熙朝宰相。与其曾祖王锡爵,四代人中两人拜相,十分罕见。

王家后代兴旺发达,经久不衰。

(出自《现果随录》《安士全书·文昌帝君阴骘文广义节录》)

Part 3

戒色,是一种高度的自由

Abstinence from sexual desire, is a high degree of freedom.

戒色，是一种高度的自由

我们总以为随心所欲，想做什么就做什么、想说什么就说什么才是自由。可真的如此吗？

当我们想着美食、美色的时候，自己的心早就跟着美食、美色跑到了九霄云外，心被欲望牵着到处乱跑，还谈什么自由？当我们闹情绪、起烦恼、发脾气的时候，情绪随着外面的人和事物此起彼伏，心完全被情绪所掌控，还谈什么自由？

真正的自由，难道不是不被欲望掌控吗？

当我们想做什么就做什么的时候，这不叫自由，恰恰是被欲望牵引到完全不自知、完全不自由！你都完全找不到自己了，完全控制不住自己了，还有什么自由？

如果我们能忍住万般诱惑，自如地掌控自己的情绪、脾气、烦恼，不随外界事物此起彼伏，这才是自由。因为我能做得了自己的主，而不是让欲望做我的主。

如果我们的心不随外面的世界而颠倒起伏，这才是真正的自由。欲望不停牵引，我心岿然不动，这才是高度的自由！

当你刷手机看那些不该看的内容而沉迷不自知的时候,你何曾自由过?

当你想停就停,能够自如掌控自己的行为时,这一刻,才是自由的!

拒色就是积德

元代学者宇文公谅，20岁左右曾在浙江嘉兴一个富户家教书。有天半夜突然有人敲门，宇文公谅一问，却是一名女性。他当即厉声呵斥对方退下！第二天，宇文公谅竟然以有事为由辞职了，而且始终没有说明真正的原因！

至顺四年，宇文公谅高中进士。

这段记载出自《元史》。很多人就怀疑，宇文公谅没有说明辞职原因，那别人是怎么知道这件事的呢？

宇文公谅平时绝不欺心，即使独处暗室，也必定正衣冠而端坐。他随身携带一本笔记，扉页上写道："昼有所为，暮则书之，其不可书，即不敢为，天地鬼神，实闻斯言。"意思是，白天的所作所为，晚上都记录下来。如果不能写的，绝不敢做。天地为证！

所以宇文公谅一是拒绝开门，这是拒色。二是他立刻辞去高薪教书之职，这是对金钱名利看得非常淡薄！三是他坚决不说理由，保全了东家女儿的名节。这是"隐人之丑"的大德！四是暗室不欺，昼有所为，暮则书之，何其光明磊落！

要知道，宇文公谅拒色时才20岁啊！

(出自《元史·儒学·宇文公谅》)

淫念一起，福报立消！

明代因果善书《迪吉录》记载，宋代福建有位李姓书生，善写文章。有一年科举路过衢州，当地有位旅店老板梦见土地说："明天有位穷秀才参加省试，他会中举，你要善待他。"店主因此厚待李生。李生很好奇，而店主也如实相告。

谁知李生听完后暗自高兴，觉得自己马上就要富贵了。接着转念一想，自己的妻子实在不堪在日后做官太太，发达之后应该娶个更漂亮的！第二天他带着这个美梦继续上路。

谁知李生走后，店主再次梦见土地说："此人用心不善，功名未遂，便想抛弃妻子。这次他的科举已经不行了！"果然，李生失望而回。等再路过旅店时，老板这次连杯茶也没有！李生又很奇怪，老板说："因为你有抛弃妻子的念头，所以你没有了功名！"李生最终惊愧而去！

古人云："暗室欺心，神目如电；人间私语，天闻若雷。"一念起，天地知。李生仅仅一个淫念，功名就烟消云散。我们岂能不警觉呢？有人说这也太苛刻了吧，谁还没有妄想呢？的确，每个人都有妄想，但妄想邪念一起，就当当下转念，如果沉溺其中甚至付诸行动，那恐怕是自甘堕落，自食恶果！

（出自明·颜茂猷《迪吉录》）

好色减福！

有的人本来有更大的福报，可惜被削减了却还不知道。

清代福建浦城李某和邻居寡妇私通，外人不知道。但李某参加乡试时，本来已经拟定他以第五名中榜，却突然因为其他原因降为副榜。所谓副榜，就是承认举人身份，但不能参加下一科会试考进士。也就是说，李某的前途可能止步于乡试。

但是，因为县里已经多年无人中榜，即使中副榜也足以为荣，因此围观贺喜的人很多。那名与他私通的寡妇也笑着对李某说："我早料到你会有出息，所以不惜以身相许。"这话后来就传为笑柄。有人说，李某由正榜被降为副榜，大概就是这个原因。有人说，李某还能中副榜，大概因为天赋福报本来就很深厚。也有人说，如果他没中副榜，这件丑事又如何被揭穿曝光呢？所谓天不藏奸邪之事，的确如此！

由此可知，很多人做了奸邪之事后，看似依然获得了名或利。可殊不知，这已经是被削减之后的结果！如果他不做那些事，他的福报会更大，得到的会更多；如果他还不知悔改，只会越削越少，直至福禄削尽！而我们身边经常看到那些热搜丑闻，赌博欠债、出轨、渣男渣女等被曝光，不正是"天不藏奸邪"的明证吗？从天之骄子到名利双失，不正是福报一削再削、一减再减的明证吗？

（出自清·梁恭辰《劝戒录·李副榜》）

两次拒绝美色,福报不可思议

明代嘉靖年间,有个书生的东边邻妇十分美艳,经常对书生暗送秋波。有一天,妇人趁丈夫不在家,在墙上挖了一个洞招呼书生过来。书生心动了,问:怎么过去?妇人笑着说:"你是读书人,难道连翻墙都不会吗?"书生于是搬梯子准备过去。

可转念一想:人可瞒,天不可瞒。于是便放下梯子。妇人奇怪书生为什么迟迟不来,于是又来引诱。书生没忍住,再次搬梯子,可骑到墙上时又想到:"上天终究是瞒不过的!"急忙下来,锁门而去!

第二年,书生参加科举。主考官在进考场前一天晚上秉烛独坐,忽然听见耳边有声音说:"新科状元是骑墙的人。"考官也不知道什么意思。等放榜后状元来拜见主考,一询问,才知道原来是这种因缘。

这个故事告诉我们,生活中有很多诱惑,当你心存侥幸时,当你受到各种牛鬼蛇神、狐朋狗友的引诱时,甚至当你觉得身不由己时,一定要忍住,保持一丝灵明,一定要想一想:人可瞒,天不可瞒！当你每一次洁身自好、拒绝放纵时，未来的福报，已在路上！

(出自《欲海慈航》)

欲求如意妻,先做干净郎!

明末福建人张文启与周某在山里躲避贼寇,发现一名少女已经先躲了进去。少女惊慌失措想去别处。张文启说,你现在出去必定遇见贼寇,我们都是老实人,绝不会冒犯您!少女这才留下。

谁知到了半夜,同伴周某色心不死,欲冒犯少女。张文启极力阻止,少女才躲过一劫。第二天,张文启担心周某再次胡来,于是和少女一起出山。得知贼寇已退后,赶紧寻访其家人接她回家。

张文启后来定了一门亲事,古代结婚都是父母之命媒妁之言,男女双方订婚后才见面是常有之事。张文启只知道对方姓黄,嫁妆十分丰厚,想必是位富家千金。然而万万想不到的是,新娘竟是他在山中救下的那一位女孩!

后来张文启和这名女子生了两个儿子,皆高中进士!

这就是为什么我反复劝勉大家要洁身自好,因为你每一次的克制和拒绝,每一次的良心不昧,都是未来幸福的资粮。欲求如意妻,先做干净郎!

(出自《安士全书·欲海回狂》)

起了淫心邪念，千万不要付诸行动！

　　北宋名臣赵抃在蜀地为官时，遇见一名青楼女子，头戴杏花，容貌美丽。赵抃偶然戏说："髻上杏花真有幸。"意思是，杏花有幸戴在漂亮女子头上。这名青楼女子也很有才华，也暗示说："枝头梅子岂无媒。"意思是枝头上的梅子，怎能没有媒人呢？

　　到了晚上，赵抃派一名老兵去召青楼女子前来。可过了半天老兵也没回来。此时赵抃清醒过来，大声对自己说："赵抃，不得无礼！"随即派人急召老兵回来。谁知老兵却从帐下走出来说："我其实根本没有去。跟您这么久了，知道您平时为人不履邪径、分毫不染。我知道今天的事情，您很快就会警醒过来熄灭念头。所以我没去……"

　　赵抃一生极度自律，绝不欺心。40多岁时就杜绝声色，在家常以素食为主，潜心修学佛法，后明心见性而开悟。他每天晚上都会焚香祷告，有人问他，他说："我从少年以来，白天所做的事情，晚上必定庄重服饰、焚香敬告上天。不敢告诉上天的事，决不去做！"

这个故事告诉我们:"不怕念起,但怕觉迟。"生而为人,很难说一念不生。但欲念起时要及时觉察,及时叫停,千万不要付诸行动,不要给恶的种子继续浇水施肥,让它开花结果,念头或种子,自然就消失了。平时更要时时检视内心,时时自我警醒,才不至随欲而迁,随波逐流,随缘造业。

(出自《宋史》《太上感应篇注释》)

邪淫之后彻底改过，福报又回来了

清代康熙年间，汉阳有位书生，素有才名却屡试不第。有一天，他朋友想借扶乩了解一下书生屡试不第的原因。结果显示书生本应中举，但少年时在别人家当教师，与主人家婢女私通，因此屡试不第。

这件隐秘的事情被点出后，书生十分惊惧，顿时幡然警醒。此后，他开始辑录戒邪淫功过格，广泛采集案例，募资刊印善书。康熙丙子年（1696），书生终于科举高中。旁人认为这就是改过之报。

这个案例非常重要。为什么呢？

首先，犯戒之后一定要及时醒悟，痛改前非。否则，天知道你损了多少福！

第二，犯戒之后要怎么修，怎么改？书生的做法给了我们非常好的示范，依然可以重新积福，东山再起。

第三也是最重要的一点：真心忏悔，永不再犯！

（出自清·陈镜伊《道德丛书·命相真谛》）

精气神不足,不会有所建树

北宋学者谢良佐曾说:"我已断绝色欲二十多年了。因为要想有所作为,必须身体的精气神都强盛,方能放开手脚去做。因此我把它断了。"

又有人问:"权势名利这一关呢?"

谢良佐说:"打透此关已有十多年了。"

明代养生书籍《食色绅言》中说:"人做学问全靠精神。精气神不足,不会有所建树。"

明代思想家薛瑄说:"一个人的身体素来羸弱,如果他能够小心谨慎,凡是酗酒、贪色等伤害身体的事情都不敢做,那么他的寿命也很有可能延长。一个人身体本来很强壮,但是仗着自己身体不错就放纵自己,肆意做伤害身体的事,灾祸也很快就会来。这难道不是说,虽有天命,但命运都操控在自己手上吗?"

Part 4

布施得福
Blessing by charity

布施欢喜

你有多久没对家人布施过这种东西了？

什么东西呢？欢喜心。

有许多人在外头对人特别和蔼友善，经常布施，充满爱心。但一回到家，对父母很不耐烦，对家人大呼小叫看不顺眼，甚至拿家人撒气，一回家就"原形毕露"。说句真心话，你在外面修行，但回到家才是"试金石"啊！你修得怎么样，看看你对家人如何就知道了。

许多人喜欢布施，但你对父母、对家人布施过欢喜，布施过时间，布施过耐心，布施过和颜悦色吗？你"布施"的，恐怕都是脾气、抱怨、嫌弃和不耐烦吧？

梦参老法师曾说：永远布施给人家欢喜，这是说家庭。经常给人家欢喜。不论跟自己的眷属、亲朋好友，乃至于自己的冤家，他对你瞪眼睛，或者向你发脾气，你就笑一笑，总不跟他对喷。经常布施欢喜，使你自己没有怒容，总在转你的怒，转愤怒变成无限的宽恕慈悲。经常这样地观想，你就是修弥勒菩萨行……

所以，我们不妨自省一下，我们对家人布施过这些吗？

没钱怎么布施?

有个师兄说,没钱怎么布施?

我说,给家人布施一点耐心,给同事布施一点微笑,给陌生人布施一点软言慰语和温暖,给拎包的老人布施一点力气,给环卫工人、快递小哥以及那些顶着烈日户外作业的人布施一瓶水。在蚂蚁窝旁放一些面包屑,给户外的小鸟们撒一把小米,这些都是布施。

布施和钱无关,只和心有关。甚至,看到别人在布施时发自内心的欢喜,随喜赞叹对方的做法,见人之善如己之善,你也同沾了布施的法喜和种下了布施的福田。

在窗台上布施小鸟,意外发生了

有位师兄讲述说,有一天下大雨,窗台上来了几只瑟瑟发抖的小鸟。出于好心,她便在窗台上撒了一些小米。一来二去,她就每天都撒些小米喂它们。小鸟们也每天在窗台聚集。

有一天,这位师兄在厨房里煮鸡蛋,突然接到一个电话要出门。结果她化妆的时候,窗台上的小鸟一直在扑棱且一直叫。她想可能是没小米了,于是去厨房拿点小米添上。一进厨房,这才发现煮鸡蛋的锅早就干了,此刻浓烟滚滚。她这才发现原来自己没关火!这要是出门了,后果不堪设想!

可能很多人会觉得这只是巧合。但正如这位师兄所说,如果没有那些小鸟不停地扑棱不停地叫,她也不会去厨房拿小米,更不会发现火没有关!万幸啊!

教书也是布施吗？

有个粉丝和我说，他是一位小学英语老师，从某年冬天开始一直布施小鸟，想问一下教书也是一种布施吗？他以前没意识到。

我说：微笑是布施，耐心是布施，鼓励也是布施。

他继续问：那教书也是布施？

我说：你领工资了就不完全是布施了。但是，同样是领工资，你教孩子的态度认真负责，这就布施了耐心；你和颜悦色，态度可亲，这就布施了微笑；你课外花时间耐心解答辅导，这就布施了时间；孩子们彷徨无助、沮丧的时候，你软言温语给予他们信心，让他们坚定，这就是无畏布施。所以教书虽是一份工作，但教书过程中能布施的太多太多了。

由此类推，其实不只是老师，每个行业只要用心，无时无刻都可以布施。我们对父母的唠叨多一点耐心，我们倾听同事好友的倾诉，我们微笑和蔼地面对每一个人，我们给予那些失落和彷徨的人信心和勇气，我们帮别人提一下行李，这些都是布施……

布施和财富无关，只和我们的发心有关。

布施四十年养老金,高寿百岁而终

明代名臣温纯的父亲温先生,早年以卖豆腐为生,每天都会存一点钱作养老用,连续四十多年共存了上百两银子。有一天,温先生因事出门,妻子听到邻家要卖掉妻女缴纳赋税,凄惨分别。温先生回家后,问妻子为何落泪,妻子告知原因,温先生说:"为什么不把我们积蓄的银子给他们呢?"妻子说:"我也正有此意,只怕你舍不得。"温先生毫不犹豫地说:"快送过去,不要迟了。"

这是他们夫妻二人辛苦四十多年存下的全部养老金啊!

当天晚上,温先生就梦见有人说赐给他一个儿子。当时妻子已年逾六十,竟然奇迹生子,取名温纯。温纯官至吏部尚书、工部尚书、左都御史,为三朝名臣。而温先生夫妇皆高寿百岁而终。

试想一下,四十多年的养老金一次性全部捐出,我们做不做得到呢?

(出自明·张岱《快园道古·盛德部》)

布施了几天鸟，突然拿到一万多人民币

有位澳洲的粉丝留言说，前几天收拾房子，看到一些快过期的面粉，扔掉可惜，自己也吃不完。我就放些菜做成了面团，蒸熟后喂鸟。搬新家后很长时间没喂鸟了，这几天每天下楼都会喂上百只。

昨天，以前的单位突然发了一封邮件。说审计的时候发现几年前少付了我2000多澳元工资。我感觉好像突然有礼包砸到身上，这个单位我都离开好几年了，问了其他同事，都没收到！我开始以为邮件是假的，后来打电话给以前的上司和人事部才知道是真的，过几个星期就会把钱打到我账户。

我真没想到，喂了几天鸟就突然拿到一万多人民币，看来以后更要勤快一点⋯⋯

无相布施，才究竟圆满

一个朋友讲述说，有一天她看见路边有个50多岁的妇女卖绿植，大中午的没顾客，12元一盆。朋友说，6块！两人拉扯了半天，最终以8元成交。付款时，妇女说了一句：才赚你5毛钱，连1瓶水都买不到。朋友僵住了，然后说，别找了，你拿去买瓶水喝。但对方不肯要，并说，说好了的，说好了的……

后来一连几天，朋友都有点难受。她说，我为什么要跟人家砍价？天那么热，她一个人拉那么重的一车东西，就算我不还价，12块钱她又能赚几个钱？这几块钱对我可能不算什么，可她连一顿饭钱都不够。我平时做善事，做布施，几百几百地捐，到这时候讨价还价，为了几块钱斤斤计较、拉扯半天，我这不是有毛病吗？

听完这个故事，我一个朋友说明白了什么叫"住相布施"。

《金刚经》念了几百遍，却不懂什么意思，不知道佛为什么不让我们住相布施。我们捐款、布施、做善事，那是因为我们知道那是福田。但多少人将心比心地去感受他人生活的艰难，多少人真正去体会众生的苦难和需要？因为有利于自己，所以我们很积极很努力,当然这也无可厚非。但让我们没有分别心地平等布施,你知道有多难?让我们放下悭吝心甚至放下功德心,你知道有多难?

当然,有分别心地去行善,我们也要适当鼓励,只是福德较小。无相布施,才是究竟圆满。

暗中布施，果报不可思议

清代浙江平湖人张諴（xián）在自己的园子里造假山。年关将近，有一天他看到一个工匠忧虑地说："从哪里找三万钱还债过年呢？"

张諴听到后，暗中拿出三万钱银票，偷偷放在那位工匠平时工作的地方。工匠捡到钱后很高兴，而张諴还假装很高兴地替他祝贺。张諴平时经常把银两放在暗处，故意让人"捡走"，这种事不计其数。亲友们都说他是个傻子……

可是这"傻子"的福报如何呢？

张諴及儿子张湘任都是孝廉。五个孙子其中一人任侍读，三人为翰林院编修，曾孙亦是孝廉……从记载来看，张家至少是四代兴旺。试问一个真傻的人，又怎么会想出这种暗中积福的方法呢？又有多少所谓的"大聪明"学都不愿学呢？

（出自清·梁恭辰《劝戒录》）

这样布施不但功德小,而且还造业

南怀瑾南师当年跟随师父袁焕仙去四川一所寺院,上山的路上有很多乞丐。袁焕仙先生让南师准备些钱,一路上分一分,并特别强调:钱不可以丢给人家,要一个一个好好地放。

这是什么意思呢?南师后来说,就这么一个动作,自己都要反省,才是修行。因为你布施的时候,用的是骄慢心。《礼记》中有个著名的成语叫"嗟来之食",说的是齐国有个人在饥荒之年出去布施,可他却说:"喂!来吃吧!"这和喂猫喂狗有什么区别?

所以这里提醒大家,布施的时候你不要觉得你是施与者,你也不要觉得自己有功德,反而你要感谢对方给了你一个机会,培养你的慈悲心,增进你的修行。梁武帝就是觉得自己功德大,才被达摩祖师当头一棒说他"实无功德"。希望大家注意,布施他人乃至喂养流浪猫、流浪狗的时候,一定要认认真真、慢慢放好,不要随手一扔。

因为用这种傲慢心去布施,不但功德小,而且还造业。

Part 5

惜食惜衣,非为惜财缘惜福
Save food and clothes, not for the sake of money, but for the sake of happiness

弘一大师留给世人的积福方法

1936年，弘一大师在讲座中说：

我记得从前小孩子的时候，我父亲请人写了一副大对联，是清朝刘文定公的句子，高高地挂在大厅的抱柱上，上联是"惜食惜衣，非为惜财缘惜福"。我的哥哥时常教我念这句子，我念熟了，以后凡是临到穿衣或是饮食的当儿，我都十分注意，就是一粒米饭，也不敢随意糟掉。而且我的母亲也常常教我，身上所穿的衣服当时时小心，不可损坏或污染。这是因为母亲和哥哥怕我不爱惜衣食，损失福报以致短命而死，所以常常这样叮嘱着。

诸位可晓得，我五岁的时候，父亲就不在世了！七岁我练习写字，拿整张的纸瞎写，一点不知爱惜。我母亲看到，就正颜厉色地说："孩子！你要知道呀！你父亲在世时，莫说这样大的整张的纸不肯糟蹋，就连寸把长的纸条，也不肯随便丢掉哩！"母亲这话，也是惜福的意思啊！

我们即使有十分福气，也只好享受三分，所余的可以留到以后享受；诸位或者能发大心，愿以我的福气，布施一切众生共同享受,那更好了。

这段开示出自弘一大师《青年佛徒应注意的四项》。

弘一大师还说,诸位要晓得,末法时代,人的福气是很微薄的。若不爱惜,将这很薄的福享尽了,就要受莫大的痛苦,古人所说"乐极生悲",就是这意思啊!

文中所说对联全文是:

惜食惜衣,非为惜财缘惜福

求名求利,但须求己莫求人

老一辈人一生也没说出来的福报的秘密

不知道你有没有留意过这样的现象，我们爷爷奶奶那一辈人，尤其是长寿的，都特别勤俭节约。一件衣服、一双鞋、一碗饭，都十分珍惜。

有个粉丝说，他爸爸一生非常节省，衣服鞋子很少买，都是用孩子穿剩下的或亲戚给的，破了、断了都还在穿。每次吃饭等孩子们吃完了，他就用馒头蘸菜汤。之前很不理解，现在发现爸爸才是积了福。还有个粉丝说，我妈也是剩菜剩饭从不舍得扔，原来我们都以为对身体不好，实际上我妈70多岁了身体好得很……

著名作家林清玄曾回忆说：我外祖母活到八十岁，过世时十分安详，并未受病苦折磨。她到晚年仍然过着极端简朴的生活。不全然是经济原因，而是她认为人应该惜福。她不许家里有什么剩菜剩饭，因此到了晚年她不顾子女劝阻，常把盘里的剩菜剩汤端起来喝掉。她也要求我们吃饭时碗中不可剩一粒米，甚至米粒落到地上，她也捡起来吃。除了这些，外祖母格外敬惜字纸，要丢弃的书籍、本簿、纸张，绝不与污秽垃圾混丢在一起，须另外用火恭敬地焚烧。她过世的前几年,常有人问她长寿的原因。她总是回答说,可能是因为惜福。由于珍惜自己的福气,才能福寿绵长。

你看,老一辈人可能从来没有告诉我们关于福报的秘密,但他们一辈子都在践行,每一天都在惜福,每一天都在积福。你家里或身边有这样的老人吗?

101岁老人,告诉你福报的秘密

清代沧州人刘燵(tēng)的母亲高寿101岁,身体健康,胃口也好。乾隆皇帝多次下诏,当地官员也多次为刘母申请慰问金和奖励,并且还要为老太太建牌坊表彰。

但刘老太太多次坚决拒绝。

有人问老太太为什么拒绝?她感慨地说:"我是穷人家的寡妇,命本来就不好。正因为我经历了艰苦磨难,蒙上天垂怜得享高寿。一旦贪求非分之福,离死的日子就不远了。"

你看,多么通透的老人!

俗话说,禄尽而亡。福报会享尽吗?如果没有持续积德累功,福自然享一天少一天。但福报如同资粮,虽然用一天少一天,但也可以源源不断地"生产"出来,从哪里来?一是积出来的,二是惜出来的。

所以敬请大家多积福,常惜福。

(出自《阅微草堂笔记》)

宰相福报耗尽,晚年不得善终

北宋名相寇准,俗称"寇老西儿"。《宋史》中记载:"(寇)准少年富贵,性豪侈。"欧阳修《归田录》中也说他"早贵豪侈"。寇准常在家中举行盛大宴会,动辄赏赐昂贵的绫罗绸缎。就连其爱妾蒨桃都看不下去,因此写诗规劝他:"腊天日短不盈尺,何似妖姬一曲歌。""不知织女萤窗下,几度抛梭织得成。" 天都织不到一尺绫罗,却比不上歌姬们的一首歌!

然而寇准毫不在意。

寇准任邓州知州时,通宵点蜡,亮如白昼。等到他离任时,人们吃惊地发现其厕所旁边的蜡烛灰烬,竟然堆放成堆。欧阳修委婉地说:"寇准和杜衍都是一代名臣,但他们的奢华、简朴却如此不同。杜衍高寿80而寿终正寝,寇准晚年却遭贬职,客死他乡(雷州)。虽然不幸,但也足以为戒啊!"

更不幸的是,寇准的奢侈作风也连累了子孙。司马光在著名的《训俭示康》中写道:"寇莱公豪侈冠一时,然以功业大,人莫之非,子孙习其家风,今多穷困。"意思是,寇准豪奢冠绝一时,但因他功绩大,人们也没批评他。可他的子孙也染上了这种陋习,现在大多都穷困潦倒了……

所以你看,即使如名相寇准这样的福报,也有耗尽的一天。更何况常人呢?

(出自《苕溪渔隐诗话后集》卷四十
欧阳修《归田录》
司马光《训俭示康》)

福报耗尽后,会怎么样?

宋朝开封人郭信,父亲是朝廷官员。郭信是独子,深受溺爱。他在临安(杭州)学习时,单独租了一间房,身上衣服稍有不舒服就让裁缝整治,洗过的衣服再也不穿。他用练罗、吴绫等精制丝织品做袜子,稍微脏了就立刻扔掉……

宋高宗绍兴乙卯年(1135),官员黄德琬与郭信为邻。黄德琬每次劝郭信说:"你还年轻,涉世太浅,不知道钱财得来不易。你家虽然富有,但也不该白白浪费。日复一日,恐怕以后不容易继续下去啊。"但郭信不以为然。

29年后,黄德琬在临安的亲戚家又见到了郭信。郭信在教亲戚的孩子读书。此时他衣衫破烂,身体冻得直打战。郭信说:"我父亲去世时,我家还有三百亩田,家产还有好几千缗(一缗千钱)。但这些财物都由我后妈专管,有天晚上她直接跑了……我连我家的田在哪里都不知道,根本无从去找……"

什么是经上说的"若遇非理毁用者,说所求阙绝报?"这就是。非理毁用,就是不合理地毁坏所用。一件衣服、一双袜子、一个杯子、一个碗,本来还可以用,你却无缘无故非理毁用。那么结果就是"所求阙绝",最后你什么也求不到,什么都没有。

所以你看,没有人能偷走我们的福德,除非我们自己浪费。没有人会损害我们的福报,除非我们自己损耗。

(出自南宋·洪迈《夷坚志·奢侈报》)

不要"身在福中不知福"

有个粉丝说,几年前我从单位打车到公交车站,然后坐公交回家。出租车大约24元,结果扫码时幸运地遇上了优惠活动,这单不收车费。出租车师傅连夸我运气不错,还要过来拍照分享。

我一边掏出手机,一边还有些不屑且高傲地说了一句:"免不免的无所谓,20来块钱无所谓。"谁知就是这种心态,给我狠狠上了一课!

后来坐公交时,我竟然睡着了,坐过了站。醒来后只能再打车回家,而这次的打车费和之前的公交费正好是24元!之前刚免单的24元,我又花了出去!我懊悔地想:"不是无所谓吗,那就把这24元收回去……"

现在看来,人生没有无缘无故的幸运和福气。做人还是要谦逊一点。无论幸运大小,无论数量多少,都要知好歹,都应该怀着敬畏感恩之心,不要"身在福中不知福"。如果你不要,那就收回去!

这么做,我就不担心孩子将来没福报了!

明代思想家袁了凡的夫人非常贤德。有一次,她为儿子做棉袄,想买些棉花做内里。了凡先生问:"丝绵又轻又暖,家里还有,为什么要买棉花呢?"袁夫人说:"丝绵价格昂贵,棉花便宜,我想用丝绵多换些棉花,这样可以多做些棉衣,送给那些没有棉衣的人穿。"

了凡先生听完高兴地说:"如果这样的话,我们就不用担心咱们孩子将来没福报了!"了凡先生之子,后来果然高中进士。

所以,你会替孩子认真考虑吗?

有一位大德曾说:"我告诉你们,你们有小孩子的人,给他玩具,不要买新的,给他一点旧的就可以了。为什么呢?不但玩具不要新的,甚至于他穿的衣服,用的摇篮、摇车,或者坐的东西,都给他旧的就可以了,不要给他新的。因为小孩子一生下来,你不知道他有没有修行,有没有善根,有没有这种福报?假使他有福报、有修行、有善根的话,你也给他慢慢用,不要一下子就用完了。"

有人说现在都什么年代了,我哪里去找那么多旧的。一是可以用亲朋好友淘汰的,二是不要什么都买最贵最好的,长此以往,福就攒起来了。

(出自清·彭绍升《袁了凡居士传》)

如何查自己的福报，对比一下就知道了

当代高僧本焕老和尚一张餐巾纸能用三天。

弘一大师一条毛巾用了20年。常有人给弘一大师送好的衣服或珍贵物品，他大半都转送给别人。他常说："因为我知道我福薄，好的东西是没有胆量受用的。又如吃东西，只生病时吃一些好的，除此以外，从不敢随便乱买好的东西吃。"

弘一大师的师父印光大师，每次吃完饭先把碗舔干净，然后倒水荡一下，再一口喝掉。如果有访客吃完饭碗里还剩有饭粒，印光大师必定呵斥说："汝有多么大的福气，竟如此糟蹋！"

虚云老和尚有一次吃饭时，看见弟子绍云长老等将又苦又涩的红薯皮放在一旁。他老人家一声不响地把那些红薯皮捡起来都吃掉了。绍云长老等十分惭愧，从此再也不敢不吃红薯皮了。

虚云老和尚有一次接待江西宗教事务处某处长。吃饭时，处长掉了好几粒米在地上。虚云老和尚也不说话，吃完饭后，默默地把地上的米饭捡起来吃了下去……处长惭愧地说："老和尚，那些米饭已掉在地上弄脏了，不能吃了。"老和尚说："不要紧啊！这些

都是粮食,一粒也不能糟蹋。"

虚云老和尚经常说:"修慧必须明理,修福莫如惜福。"

所以如何查自己的福报?自己是福报深厚还是福报浅薄?对比一下就知道了……

菜叶子黄了还能吃吗？

唐代雪峰义存禅师，与岩头、钦山二位禅师出行。钦山禅师在溪流中看到一片菜叶，高兴地说："此山必有修行人，我们可以沿溪流寻找。"谁知雪峰禅师生气地说："你眼太浊，他日如何辨人？此人如此不惜福，任菜叶漂流水中，住山里又有什么用呢？"入山后，果然没有高人。

当代高僧佛源老和尚有一次在寺里巡视，看到水沟里漂有黄色菜叶，随即到斋堂里痛斥弟子们说："你们有多大的福报，菜叶子黄点儿你们就不吃了？以前虚云老和尚在的时候，哪儿有的吃？都是过开水堂（喝白开水）。常住的东西要爱惜！古来祖师讲'爱护常住物，如护眼中珠'，吃口饭哪儿有那么容易呀！"

讲完这两个故事，想问问大家：您家的菜叶子黄了，还吃吗？

附：印光大师惜福的故事

1934年冬天，天气寒冷，苏州富翁庄蕴宽先生，看到印光大师房中没有取暖设施,因此带着工匠就要去装洋火炉。谁知印光大师坚决不肯,对身边居士说:"人生不可享受过分,要是自己无德,空去享用,便是折福。"而这位富绅再三请求,一定要供养,最终印光大师说:"那就安在外间客厅吧,那里时常来人,让大家一齐暖和。"所以,当我们觉得自己生活很优越,可以享点福的时候,当我们高喊及时享乐的时候,当我们觉得自己挣的钱想怎么花就怎么花的时候,我们是否想过自己有德没有?如果无德空去享福,便是折福……

(印祖故事出自《印光大师永怀录》
雪峰义存禅师故事出自《指月录》)

南怀瑾先生家被强盗洗劫，竟是这种因缘！

南怀瑾先生曾说过，他小时候，有一年寒假从学校回家，正遇上奶奶六十大寿。当时南家比较兴旺，因此父亲便决定为老太太大张旗鼓地操办一场寿宴，从春节一直办到正月十五！

南怀瑾先生那时还小，奶奶生日宴的第二天就回学校了。然而当天晚上，一群强盗突然闯入，将南家洗劫一空，并且还要将家中重要人物绑走！南师的母亲，化装成佣人才躲过一劫。

南师虽然不在场，但这件事对他冲击很大。

多年以后他说，招来强盗，是因为奶奶六十大寿搞得人尽皆知。像这样大操大办，反倒损了自家的福报。人，不能太张扬……

从此，南师一辈子为人处事处处都强调"放低了，再放低"。不论高官富豪还是低层百姓，都要一切平等对待。南师一生也多次劝人惜福，不要因为铺张而损了自身的福报。

诸恶莫作，才是真正的惜福！

现在很多人都在提倡惜福，确实值得赞叹。每个人命里的福分都有定数，懂得惜福，福报才能长久。但也有很多师兄认为惜福无非就是省吃俭用、杜绝铺张浪费。只要做到这点，福报就能细水长流。

不铺张浪费确实值得肯定，但惜福远不止省吃俭用这么简单。明星如此，普通人更可想而知！

我身边有一个师兄，从小是爷爷奶奶带大的。农村的老人一般都很节俭，在这样的环境中成长，这位师兄也非常节俭惜福。夏天舍不得一直开空调，实在太热了就开会，温度降下来了就关掉，再打开电风扇凉快一下；衣服、手机之类的从来不追求品牌，都是捡便宜、实惠的买；一个人在外面吃饭基本都是在沙县小吃、兰州拉面这种低消费的餐馆，而且他特别节约粮食，有次跟女生相亲吃饭，没吃完的剩菜还打了包（当然吃完那顿饭也就没后文了）……总之是相当节俭惜福了，但这个师兄好长一段时间收入都不高，运势一直很低迷。

深入了解后才知道,原来这个师兄平时对父母态度不怎么好,总是嫌弃父母,跟父母相处时很不耐烦,总是抱怨自己的原生家庭,而且私底下还有严重的邪淫。后来改了这些缺点加上大量修福后,运势才有所好转。

很多人都已经懂得,花很多钱在吃穿用度上很浪费福报。殊不知我们很多不好的习性都会浪费福报,而且浪费的福报只会更严重。如果一味在物质上惜福,却放任自己很多不良的行为习惯不改,那就不算真正的惜福。

可能我们节衣缩食,好不容易惜福一段时间,但对父母发次脾气或者犯次邪淫,惜下来的福分就又被我们损耗没了,你说划不划得来?对很多人来说,最费福报的不是吃穿住行,而是身上那些损福的习惯。如果这些习惯不改,在吃穿住行上省下来的那点福分根本就不够你损耗的,哪怕你再努力行善积福也不行。这就好比一个普通家庭,省吃俭用、努力赚钱是可以慢慢富起来的,但如果家里出了个病号,经常跑医院送钱,每天吃的药也不便宜,那就很难攒下钱,家里也富不起来。其实积福也是这个道理,努力赚钱相当于培福,省吃俭用相当于惜福,损福的行为习惯就是"家里的病号"。

这些行为习惯不改,福是积不起来的。

如果真的爱惜自己的福分,我们就不要做浪费福分的事。铺张浪费、生活奢侈浪费福分,对父母态度不好、脾气暴躁、抱怨忌妒、邪淫等不良习惯同样浪费福分。只有努力改掉自己不好的习性,我们的福报才不会流失。

诸恶莫作,才是真正的惜福!

(本文由粉丝"悟"供稿)

这样做，福报三年就耗尽

明正德二年（1507），浙江安吉大旱，第二年又发水灾，粮食颗粒无收。官员陈良谟的村子因为有水坝且地势高而连年丰收。州官后来又将全乡都按受灾处理，也免除了该村两年的租税。村里人因此买到其他村贱卖的物品，获利三倍。于是，各家早晚宴乐，天天如此。

此时陈良谟却对族人说："我们村要大祸临头了。"族人不解："这是为什么呢？"

陈良谟说："无福消受罢了！我们陈家，还有其他两个大姓根基稍厚，也许可以勉强度过。但其他四个小姓，恐怕过不了这关。"

不久，村里就爆发了一场瘟疫。那几个小姓几乎病死殆尽。此时，叔父、兄弟问那三个大姓会怎样？陈良谟说："虽然没有那么惨，最后恐怕还是会有损失。"第二年，这几家果然陆续发生火灾……

为什么会这么准呢？明代文学家冯梦龙说，过分获利，鬼神所忌。祸福相倚相伏,互为消长。何况还暴殄天物,任意糟蹋浪费,所以会有大祸发生。

明代思想家焦竑说:人生衣食财禄,皆有定数,当留有余不尽之意。故节约不贪,则可延寿;奢侈过求,受尽则终。没有看到任意糟蹋之人能活到白头啊!

Part 6

积德改相，行善改命
Accumulate virtue to change appearance;
practice benevolence to change fate.

积德的关键是"积"

我们经常说"行善积德",但很多人都忽略了一个关键字——积!积,是从少到多逐渐增加,是长时间地累积。积,是无论事情大小,无论结果如何,无论已经做过了多少善事,依然坚持不懈地做下去。积,是不问结果、不问前程,让自己一直走在行善积福的路上。长时熏修,不断坚持……

因此千万不要轻视那些微小的善行,更不要怀疑为什么行善没有"立竿见影"的效果?患得患失,进进退退,做做停停,不是积。

明代善书《了凡四训》的作者袁了凡,生平第一次开始改变命运(求登科),先将往日罪业在佛前尽情忏悔,然后发誓行善三千条,以报天地祖宗之德。历经十余年不间断,三千善行圆满后,竟又再发一万三千件善行之愿……

一时行善并非难事,受人感染一起行善也非难事。难的是不懈怠、不退失、不怀疑、不停滞,难的是始终像照顾孩子一样护住自己的一片真心、善心,难的是忘记"积德累功"中的"功德"二字,始终走在"积"的路上……

所以,积善、积德、积福、积慧,关键是"积"!学会了"积",才会"厚积薄发"。

积德改相，行善改命

明代著名相士袁忠彻，是著名相士、《柳庄神相》的作者袁珙之子。有一次，袁忠彻断言朋友家的仆僮不利于主人，因此劝主人将仆僮送走。仆僮无家可归，有一天竟在一座古庙里捡到几百两银子。本想拿走，忽然叹了一口气说："我因为命薄，无故被主人赶了出来。今天如果拿走这些银子，就是不义，老天更不容我了！"于是在庙里死等。

不久有个女人痛哭而来，一问原来是丈夫因故被判死罪，妇人变卖家产、借贷救夫，谁知在庙里休息时给弄丢了，所以失魂落魄！仆僮询问无误后，将银子还给了女人，并坚拒酬谢。女人救回丈夫后，逢人便说仆僮的事迹。正好有个指挥使听到，认为仆僮异于常人，将其收为养子。

几年后指挥使去世，仆僮继承了他的职务。回去拜见原主人时，主人叹息道："袁忠彻的相术这么疏忽吗？"等袁忠彻来访时，主人让仆僮穿着过去的衣服出来奉茶。袁忠彻一眼就认出了仆僮。主人故意说："我赶走他后，他无家可归，又让他回来了。"

袁忠彻笑着说:"你别戏弄我了。他现在不是你的仆人,是堂堂三品武官啊!他的形神相貌都与从前大不相同,莫非做了大善事才如此吗?"朋友这才感叹袁忠彻相术的神奇。

你看,相术虽然厉害,依然算不出仆僮逆天(改命)这一段。所以说,人算不如天算。积德改相,行善改命,千万不要轻易躺平!

(出自明·李贤《尚宝司少卿袁公忠彻墓表》)

左宗棠：祖上四代积德，终出晚清名将

晚清名将左宗棠一生最大的功业，不仅仅是南征北战，而是在60多岁高龄时出征收复新疆100多万平方公里的领土，为国家和民族做出了卓越贡献。然而，左宗棠祖上四代积德的往事，却鲜为人知。

左宗棠曾祖父左逢圣，素以仁孝闻名。其祖父染病多年卧床不起，他和父亲早晚伺候，拿着祖父的污秽衣服洗涤时，边洗边悲泣，路人无不感动。

左逢圣家中贫困，但是看到苦难家庭必定施以援手。他还曾在高华岭免费布施茶水数年，帮助南来北往的行人。乾隆十七年当地歉收，左逢圣又将自己的衣服典当，与富户一起布施。

左宗棠祖父左人锦，曾效仿古代提议设立义仓，自己则带头捐谷，遇荒年即开仓赈济，名为族仓。左宗棠之父左观澜，曾捐献钱财倡议修建宗祠……可见，代代积德、居贫好施，一向是左家的家风。

所谓"积善之家,必有余庆",左宗棠祖上四代积德,终出国之重臣,足见因果不虚也!

祖母积德，孙子官至一品

清代名臣史致光的祖母周太夫人年纪轻轻就守了寡，为人乐善好施。有一次，族人为了争坟地差点闹出人命。周太夫人听说后，二话不说竟将自己的衣物、首饰典当，出资为双方和解，此事才算了结。

乾隆丙午年（1786），史致光高中举人，第二年又高中进士。考前的晚上，史致光梦见有人对他说："你祖母曾救过他人性命，积了不少阴德，因此你的名字将列在中榜名单榜首，以示果报。如果你再能谨慎承家，前程不可限量！"第二天，史致光果然高中状元。

此后正如梦中所言，史致光官运亨通，一路高升，官至云贵总督，都察院左都御史，从一品。同时他也恪守梦中告诫，为官30多年，性情恬淡，两袖清风，退休时依然如一介书生萧然归去……

这是一个非常典型的祖上积德福泽子孙的案例。有人说，我祖上没积什么德，看看我现在的情况就知道了。不要紧，现在积也来得及,因为我们也会成为子孙的祖上,现在积德,子孙将来妥妥受益……

(出自清·梁恭辰《劝戒录》)

四朝元老,祖上这样积德!

乾隆年间,浙江萧山商人汤元裕,开了一家汤团店,因为童叟无欺被誉为"仁厚商人"。有一天,从杭州来了一位收账老板,在店里吃了一碗汤团就走了,却把收账的篮子遗失在店里。汤元裕好心将其收好,等老板来拿。

谁知一等就是一年!

第二年,那老板依然是收账路过店里。交谈过后,汤元裕惊喜地说:"有只账篮,我从去年保管至今,天天盼有人来领,今日理该物归原主!"失主说:"我里面有一万多两银票。"打开一看竟分文不少,原封未动!失主大为感动,当即要付酬金三千两,汤元裕坚决不收。

后来有一天,这杭州老板突然带来一大船物资,委托汤元裕经营酒店。由于汤元裕仁厚有德,老板除了收回本钱之外,所有利润全部给了他,不久汤家大富。

这还没完。汤元裕之子汤金钊,后官至吏部尚书、太子太保,为一代名臣,四朝元老!

陈廷敬：四代人散财积德，子孙代代富贵

康熙朝名相陈廷敬，被康熙赞为"几近完人"。陈家子弟中共出九位进士，其中六位翰林，大小官员三十八位，持续风光200多年。可谁曾想过，这泼天的富贵，却是几代人散财积德的结果。

陈廷敬的曾祖父陈三乐，每遇灾荒都会节衣缩食，布施茶饭赈济饥民。有年冬天，陈三乐患病刚躺下，结果有人着急来借钱。母亲说，风大明天再来取吧。可陈三乐辗转难眠，对母亲说："人家着急用钱，必定度刻如年，而我想到他心急如焚，我就难以入睡，两个都不安心。"于是他从病榻上强撑而起，拿钱给对方后才笑着说："现在可以睡个安稳觉了。"像这类的阴德之事，还有很多。

陈廷敬的祖父陈经济，有一次拿回一笔钱，可晚上却有一个本族的后生进屋偷钱。但陈经济并未报官惩罚。反而是责备一番后，将银子送给对方，叮嘱他干点正事，不要再败坏门风。后生大为感动，从此改过自新，竟把生意做得风生水起，彻底改变命运。

陈廷敬的父亲陈昌期，康熙二十七年灾荒时，毅然拿出家藏

的十万石粮食全部发给附近饥民。而且竟然把所有借据当众烧毁，告诉大家往日债务一笔勾销！有人请求上报嘉奖陈昌期，他却说：救济他人，岂能要名？

所以你看，常人拼命抓住财富不放，可陈廷敬家族一有机会就散财积德，且至少连续四代人都是如此。我们总羡慕他人有泼天的富贵，可富贵背后几代人前赴后继地积德行善，谁又曾看见？我们总羡慕他人子孙福报绵长，可福报背后几辈子的默默付出，谁又能做到？

（出自《皇清诰封吏部尚书陈太翁焚券蠲逋广施仁德碑》《阳城县皇城陈氏家谱》《太原日报》）

把积蓄变积德，这种积福方法太狠了！

清代嘉庆年间，南京有位陈秀才，家贫以教书为生，多年省吃俭用攒了200两银子。嘉庆甲戌年（1814）饥荒，米价暴涨，饿殍遍野。陈秀才把全部银子拿出来对儿子们说："这是我几十年来节衣缩食存的钱。本打算分给你们，可今年米价昂贵，穷人无粮。我想把这些钱拿去买米，然后低价卖给穷人。你们同意就做，不同意就算了。"儿子们都同意。

于是陈秀才把所有积蓄都买了米，在门口贱卖。这一举措让很多穷人都能买到低价米，但陈秀才一辈子的积蓄很快就花光了……

五年后，陈秀才的两个儿子陈石渠、陈维垣双双高中进士，跻身官场。陈家孙子辈读书也大多优秀，家道蒸蒸日上。

所以你看，陈秀才不过是名穷书生，一辈子积蓄200两，却令整个家族彻底翻身。200两虽不多，却是陈家的全部，这又比富人们出资千万更难得！况且积蓄200两，子孙也分不了多少；积德无数，子孙却能人人受益。把积蓄变积德，这种方法愿大家都学得会！

（出自清·梁恭辰《劝戒录·周廉访述》）

全家行善积德，为什么还暴病而亡？

唐代官员崔郾，出自著名的清河崔氏。崔家几代人同居同食，和睦相处。在各地为官均实施宽厚仁政，体恤百姓；家中不蓄财物，一有剩余就周济亲友故旧。当时崔家兄弟六人皆官至三品，其中崔郾官至左金吾卫大将军，掌管禁卫。

可就是这样一个积德深厚的家庭，却出了一起意外。公元835年，崔郾在毫无征兆的情况下突然暴病而亡！在常人看来，这简直就是好人没有好报。事实真的如此吗？

崔郾死后不久，27岁的唐文宗谋划诛杀宦官集团，结果不幸失败，史称"甘露之变"，而接替崔郾掌管禁军的韩约，以及大批朝廷重臣被宦官集团杀害，株连人数高达一千多人，许多人惨遭灭门！到此时人们才意识到，如果崔郾没有突然死亡，那么被株连乃至灭门的有可能就是崔家。所以史书记载：崔郾的暴病死亡，是崔家积累善行的善报所致。

这是史书上罕见的明确记载。所以当我们怀疑因果，认为"善无善报"的时候，我们确定看到了全部的真相吗？当我们遭受厄运时,请再坚持一下,再坚定一点点,这是对信心的考验,也许还是厄运减轻的表现。当我们心生怀疑、不再坚定的时候,请相信,这正是冲破命运前的黑暗考验。

(出自《新唐书·崔邠、崔鄩传》)

一念之善，换来子孙三百年福报！

元代至正四年（1344），淮北大旱，并发蝗灾与瘟疫。年仅17岁的朱元璋，经历了人生的至暗时刻。不到半个月的时间里，朱元璋的父亲、母亲、大哥相继去世，而朱家十分贫困，连埋葬亲人的地都没有！朱元璋求遍村中地主，都无人帮他。最后有个稍富裕的地主刘继祖动了恻隐之心，将自家的一块地送给朱元璋，朱元璋这才得以将父母、哥哥安葬。

明朝建立之后，刘继祖已经去世。洪武十一年，朱元璋追封刘继祖为义惠侯，而当初刘继祖赠送的那块土地也成了明皇陵的一部分，朱元璋下旨从此要世代善待刘氏家族。刘氏子孙从此安居凤阳，绵延近300年，与明朝同始终。

大概刘继祖当初也没想到，一念之善，竟为子孙换来近300年的福报。

（出自《明史》《万历野获编·补遗卷一》）

大善人在的地方，哪里都是福地

有个商人买了块地，风景优美，准备盖一栋别墅，并且花重金从香港请了一位师父来家里看看。快到家门口时，商人远远地看到妻子正送一个远房亲戚出门。商人立刻停下脚步，师父很纳闷，问怎么不走了？商人说："这个亲戚平时不经常来往，今天来我家，想必是遇到了什么难处需要帮忙。如果我现在过去，他看到我必定会尴尬。所以还是等他走远了再回去！"师父听完并没有说话。

快到家门口时，他们忽然看到一群鸟从果园中飞起。商人再次停下脚步又不走了。师父问，这次怎么又停下了？商人说："园中鸟惊起，想必是邻居家的孩子在爬树摘果子。我们现在敲门回家，容易惊到孩子，万一从树上掉下来就不好了，还是等等再进去吧。"

师父听完后对商人深鞠一躬，说："你的房子不用看了！"

商人一下就急了，还以为得罪了师父。谁知师父却说："穴本天成，福由心造。像您这样处处为他人着想的人，根本不用看。大善人在的地方，不管住哪儿都是福地！"

你看,所谓龙脉、宝地,本是天地造化而成,不是人力可造的,更是可遇而不可求。但人心却可以时时修正,福德却可以常常积累,这不比"宝地"好求多了吗?

善业在身，化解大祸

抗战爆发前，宁波有间孔凤春香粉店，店中有个姓蒋的员工。有年年底，蒋先生回家过年，看见一个十三四岁的小姑娘在桥上哭泣。一问，原来小姑娘是个童养媳，未婚夫在外经商。婆婆叫她带十元钱到邻村去付"会金"，可路上却把钱给丢了。婆婆平时严厉，小姑娘害怕被责骂，一时竟想投江自尽。

蒋先生心生怜悯，当即拿出十元钱给她。小姑娘非常感激，再三询问恩公姓名地址。蒋先生就说自己在香粉店工作。那时，十元钱无论对于小姑娘还是蒋先生，都是大金额。

几年后抗战爆发，宁波成为小鬼子的轰炸对象。有一天，蒋先生坐船去上海采购，刚上船就被同事急急忙忙地拖下船说："有一对新婚夫妇，从乡下挑来一桌喜酒，说是特地来找恩公，非要当面拜谢救命之恩不可。"蒋先生只得无奈下船。谁知刚下船，鬼子就来轰炸了！几百人全部遇难！

只有蒋先生一人，提前被人硬拽着下了船，像安排好了似的，躲过一劫！而那对说来报恩的新婚夫妇，妻子正是当年蒋先生救的童养媳……

（出自《广化文选》）

范仲淹：一家富贵，不如全天下富贵

北宋名臣范仲淹出任苏州知州时，得到了一块地叫"南园"。有人说，这块地特别适合盖住宅，子孙中将接二连三出贵人！谁知范仲淹却说："我一家富贵，不如天下之士，都来这里接受教育。这样，富贵就会流转不止了！"于是范仲淹将这块宝地用来盖学校。几十年后，苏州学术果然蔚然兴起，领先东南。直到今天，苏州中学依然建于当年的南园之上，依然在源源不断地培养人才。

大家可以换位想一下，如果你家有块宅基地，你会捐出来盖学校吗？而且这宅基地，别人还说是一块宝地，能福泽子孙。试问天下有几人能做到呢？范仲淹用自己的房子，一千多年来为苏州源源不断地培育人才，而范家子孙英才辈出，绵延千年，难道不是应得的吗？难道不是冥冥之中的回报吗？

修庙之后，金榜题名

清代嘉庆年间，有个书生杨启元，家贫以教书为生。嘉庆十五年（1810），嘉义县重修孔庙。杨启元毅然决定要捐出全年的教书薪水用于修庙。人们都知道杨启元很穷，所以都以为他在开玩笑说大话。杨启元却说："善愿由每个人自己做主，怎能只拘泥于穷或富呢？"众人听后非常佩服。

当年秋试，杨启元便高中举人。后来他儿子杨经又被学政大人赏识，家境也逐渐富裕起来。

道光十年（1830），福建台湾府彰化县重修孔庙。有个叫梁济时的带头出重金将孔庙修缮一新。此前，梁济时已经科试落榜，无缘乡试。第二天复试，梁济时心情不好沉默不语。可到了黄昏时分，竟然传来中榜的捷报，在场人无不惊讶！一问才知：原来前面有人被除名，恰好梁济时被递补上去！因此意外中榜！

第二年，梁济时又高中举人……

（出自清·梁恭辰《劝戒录·杨启元》）

祖上没积德，你还有救吗？

西汉酷吏张汤、杜周二人，因执法严苛、杀人众多而著称，后被司马迁列入《史记·酷吏传》中。甚至张汤的先祖与张良同祖，司马迁在传记中也刻意回避。这基本上是令祖先、子孙蒙羞，遗臭万年了。

然而，张汤之子张安世、杜周之子杜延年，均一改其父严酷作风，为政从宽。先是辅佐大将军霍光稳定朝局，后又辅佐汉宣帝中兴西汉，谦逊宽厚，毫不居功，终成一代名臣。

正是因为张安世、杜延年的努力，班固在撰写《汉书》时，不仅将张汤、杜周二人移出了《酷吏传》，而且还为他们单独列传，洗去了他们的千古骂名。班固在《汉书》中强调：张汤、杜周都有优秀的儿子，德器自过，爵位尊显……

所以，张安世、杜延年是通过自己的努力，让他们的酷吏父亲走出了历史的"耻辱柱"，令父辈、家族洗刷耻辱，成为一桩千古美谈……

讲这个故事是想告诉大家，不要把自己的现状归咎于父辈祖上没有积德,更不要抱怨原生家庭没给你留下什么。父辈无功,但你却可以积德。父辈有过,但你却可以弥补。父辈无福,但你却可以为自己、为子孙造福!

(出自《汉书·杜周传》《汉书·张汤传》)

Part 7

爱鼠常留饭,怜蛾不点灯
Love mice often leave food, pity moths do not light the lamp

动物求你，如同你求苍天

南宋学者袁采曾说，飞禽走兽相对于人而言，虽然形态、性情有别，但它们喜欢相聚而讨厌离散、贪生怕死的性情却与人类相同。所以，离群了，它们就会向人悲鸣；将要被宰杀时，会向人哀号。有些人不但忍心不顾，反而讨厌它们哀鸣。为什么不反过来想想？动物在危难时希望人能救助它们，犹如人在危急时刻寄希望于上苍一样。动物哀鸣求人，而人却毫不怜悯，那么人处于患难、死亡、困苦之时，为什么却仰首呼号，祈求上苍可怜呢？！

也许人只有在病重不支、身陷牢狱不能挣脱之时，才会反复追悔、反省自己平时的所作所为，哪些是恶，哪些是错吧。这时他们指天发誓，要痛改前非的心情才是真的。可是一旦痛苦解除，就忘了自己的誓言和反省，继续造罪作恶，与平时没什么两样。

前面所说的话，如果说给经历过磨难的人听，他们一定会认为是正确的。但我依然担心有些人好了伤疤忘了疼，不吸取教训，而那些没有经历过磨难的人，又怎么知道他们不认为这些话很迂腐呢？

所以，请时时谨记：动物求你，如同你求苍天！

（资料引自清·陈宏谋《五种遗规》

原文出自宋·袁采《袁氏世范》）

放生蛇反被蛇咬,原来是蛇在报恩!

民国时期,周群铮居士家乡有个做面的工人陈某,有一天看见捕蛇人抓了条蛇,心生怜悯,因此买来放生。谁知蛇在水边很久都不离开,陈某想用脚拨一下,结果蛇反而把陈某的脚给咬了!

旁边人说,这蛇真是以怨报德啊!陈某只好回家敷药,可并没有什么效果,一连几天也不能去店里,只能在家休养。

万万想不到的是,有天晚上,陈某面店的楼板因为囤积小麦过多,竟然塌了!而楼板下面,正是陈某平时在店里睡觉的地方!当时床被压得粉碎,陈某却因在家养伤,躲过一劫!

事发第二天,陈某的脚就痊愈了。

起初大家对陈某"放蛇反被蛇咬"这件事还有各种非议,此时赞叹不已。

(出自《因果实证》)

为了我的病,要杀100只鸟,我宁死不做!

清代善书《德育古鉴》中记载,镇江有位军官范某,妻子得病快要去世了。有个大夫说:"你这病需要用一百只鸟雀,先拿药喂鸟,到第37天时吃了雀脑,就会痊愈。一只鸟也不能少。"范某轻信了,于是大肆抓鸟。

可是范某重病的妻子却生气地说:"为了我一条命,却要残害一百只鸟的命,我宁死也不做这种事!"于是坚决打开笼子把所有的鸟都放走了。

不久,范某妻子的病竟然自己痊愈了!而且第二年还生了一个儿子。只是孩子一出生时,双臂就各有一块类似鸟雀的胎记。

这个故事看似荒唐,但可能却十分普遍。因为我们今天可能不会抓一百只鸟来入药,但会不会抓其他动物、昆虫来入药呢?有的人不吃死鱼、只吃活鱼,是不是也是一种习性呢?病了或者病后初愈,杀只鸡、宰点鸭来补补有没有呢?甚至单纯就是为了逗口腹之欲就要现杀活宰的,有没有呢?望大家三思!

(出自《德育古鉴》)

连续百年戒杀放生,四代子孙五子登科!

清代嘉庆年间的官员曾晖春的祖父曾和亲戚争夺坟地,而坟地本是曾家财产,由于亲戚很有势力,而且提前做好墓碑埋进土里。结果官府看见墓碑后勒令曾家迁坟。曾家这才知道被算计了,却也无可奈何。此后两家子孙的功名、仕途官位都相差无几。

而从曾晖春的父亲开始,曾家连续三代人坚持戒杀放生,长达一百多年!

到了道光年间,也就是迁坟后几十年。亲戚家逐渐开始衰落,子孙也越来越稀少,而曾家却越来越兴旺。曾晖春五个儿子全部科举高中,连续四代子孙高中进士,堪称"五子登科",史上罕见!

你看,祖坟被抢,无可奈何;亲戚仗势欺人,也只能暂时低头!有时候我们生活中也会出现被人欺负的现象。但人或被欺,苍天有知,善行不停,因果不空。连续三代人长达一百多年戒杀放生,没人拦着你也没人管得了你!再大的困境,也阻拦不了一家人集体向善的心!

这正是:"善是青松恶是花,看看眼前不如它。有朝一日遭霜打,只见青松不见花。"

（出自清·梁恭辰《劝戒录》）

道教张天师有"四不吃",这些你吃吗?

道教祖师张天师曾经规定了四种动物不能吃。

1.不吃牛肉,因其善。

耕牛是中国古代重要的生产工具,无故宰杀耕牛更是犯罪。古语有云:"劝人听我说因由,世间最苦是耕牛。春夏秋冬齐用力,四时辛苦未曾休"。这种任劳任怨的精神,无人不动容,谁人忍心吃?而老子的坐骑更是青牛,所以不吃牛肉,天经地义。

2.不吃乌鱼,因其孝。

相传乌鱼产卵后身体十分虚弱,而且视力会急剧下降,无法觅食。刚诞生的小乌鱼不忍妈妈挨饿,便主动游到乌鱼妈妈嘴里,让它充饥。小乌鱼舍身饲母,被人们视为极孝,因此不吃!

3.不食鸿雁,因其贞。

中国古代婚礼常用"鸿雁"纳吉。因为鸿雁志向高远,而且相伴到老,坚贞不渝。一只死亡,另一只会坚贞地孤独终老。这种至情世间罕见,因此不食。

4.不食狗肉,因其忠。

狗最大的特点便是忠义,尤其是咱们的中华田园犬。主人再穷再卑微,狗始终都是无比忠义,不离不弃。狗也被视为人类最好的伙伴之一,因此不食。

以上这些都是道教规定,哪些你还在吃呢?

苏东坡母亲不残鸟雀，为苏家积了大福！

苏东坡少年时，家里庭院种了很多竹柏杂花，许多鸟儿在上面筑巢。苏东坡的母亲平生十分厌恶杀生，经常叮嘱家中儿童婢仆，不得捕捉鸟雀。几年时间，鸟雀们将巢都建在了低枝上，低头都可以看到孵出的小鸟。有种叫"桐花凤"的鸟本来很胆小，十分怕打扰，后来在苏家竟然也很驯服，不怕人。乡里人都觉得是一桩奇事。

苏轼后来回忆说，其实也没什么特别原因，只是不含恶意的真诚之心，令鸟雀、动物都感到诚信可靠。人不好杀生，鸟类自然就会亲近。过去鸟类之所以不敢亲近人类，是因为感觉到人类比蛇、鼠、狐狸等天敌还要危险啊……

只此一点，就可见苏轼的母亲有多慈悲！有句话说："眉山生三苏，草木为之枯。"说的就是整个眉山的福气，都聚集到了苏家……

（出自宋·苏轼《记先夫人不残鸟雀》）

我家世代不吃牛肉，已经200多年了

清代福州文学家梁恭辰回忆说：我家世世代代不吃牛肉，已经相传200多年了。当年我父亲去京城参加会试，在浙江染上疟疾，从秋到冬每天都发病，累计一百多次，形销骨立。

有一天，有位好朋友带来祭孔时剩余的牛肉。医生说疟疾体虚最适宜吃牛肉，对脾胃有很大补益。我祖父也精通医术，对我父亲说："这是祭孔时剩余的牛肉，本来就可以吃。况且是用来治病的，更没有什么妨碍了。"我父亲本来不想吃，但恐怕违背祖父之命，勉强用筷子夹了一点入口，接着就呕吐了。谁知竟然连着宿痰一齐涌出，当天疟疾就停止发作了。其实，牛肉并没有咽下去……

梁恭辰的父亲梁章钜后来成为一代名臣、文学家，官至广西、江苏巡抚，曾协助林则徐严禁鸦片。而梁恭辰也官至温州知府，著有因果文集《劝戒录》等。梁家子孙人丁兴旺，英才辈出。

所以，你吃牛肉吗？

（出自清·梁恭辰《劝戒录·牛戒》）

蔡京：一顿饭杀三百只鹌鹑，子孙个个遭殃

北宋奸相蔡京，生活奢靡，而且十分喜欢吃鹌鹑，一顿鹌鹑羹就要杀掉几百只鹌鹑，十分残忍。因此不得不在家中大量饲养。有天晚上蔡京梦见数千只鹌鹑在他面前控诉，其中一只说："食君廪中粟，作君羹中肉。一羹数百命，下箸犹未足。羹肉何足论，生死犹转毂。劝君宜勿食，祸福相倚伏。"然而蔡京并不知道，这或许是鹌鹑们的最后警示。

靖康元年（1126）金军南下，蔡京举家南迁逃避战乱。走到潭州（长沙）时，这位权倾朝野17年的北宋巨贪，因百姓不愿卖给他物资而活活饿死！蔡京有八个儿子，其中长子、三子被赐死；次子早逝；五子被掳至金国，妻子被迫改嫁金国王室；其余诸子均被流放……

古语有云："道德传家，十代以上，耕读传家次之，诗书传家又次之，富贵传家不过三代。"而不知惜福、不断造业的家庭不但不能传家，还可能连累子孙遭殃！宋代蔡京八子无一善终，清代和珅

断子绝孙,就是最好的明证。

(出自宋·陈岩肖《庚溪诗话》)

常遇春：开国名将40岁暴亡的因果

明代开国名将常遇春，一生战功累累，人称"常十万"。然而这位和徐达齐名的绝世名将，却四十岁就突然暴病而亡，没能活着享受明代开国以后的封赏。

这里面又有怎样的因果呢？

常遇春骁勇善战不假，然而他有一个特点：乱杀。《明史》中记载，早在军阀混战时期，常遇春即"俘杀吴兵五千余人"，即俘虏之后又杀掉。

元至正二十年，徐达、常遇春在九华山下大败陈友谅，斩首万人，生擒三千。常遇春又说："此劲旅也，不杀为后患。"而徐达并不同意，将此事上报给朱元璋。可常遇春却抢先在夜里将一半多俘虏活埋！朱元璋闻此不悦，将剩余俘虏全部释放。

在攻打赣州时，朱元璋提前告诫常遇春说："攻克城池不要多杀。光得到土地，没有人民有什么用？"常遇春听取了告诫，破城后朱元璋特地赐书褒勉。

遗憾的是，朱元璋不能每次战斗都要提醒常遇春"勿滥杀"，而时间也没有给这位盖世猛将太多的机会。洪武二年,大明王朝开国的第二年,年仅四十岁的常遇春突然暴病死亡,一代名将就此陨落。而且从历史记载来看,常遇春的两个儿子均英年早逝,子孙多凋零不振。这一点和明朝另一开国名将徐达相比,差之甚远。

《明史·常遇春传》中明确指出:中山王徐达封赏泽延后世,子孙荣宠;而开平王常遇春却早逝,子孙衰落,这是什么原因呢?太祖朱元璋曾对诸将说:为将者不妄杀人,岂只是国家之利,你们的子孙也将受其福报啊!

(出自《明史·常遇春传》)

布施麻雀，竟然救了全家20人！

民国时期，河南人柏之桢，平生爱护动物，小至昆虫、禽鸟，都蒙其恩泽。它们都被柏之桢的慈心所感化，每逢吃食的时候，便有鸟雀飞集面前，不知畏避。冬天下雪，柏之桢担心小鸟找不到吃的，于是不避严寒，亲自扫出一片净地，将碎米撒上，让众鸟啄食。

后来有流寇攻打县城，到了柏之桢家门前，看他家中鸟雀成千，飞集满阶，以为这是无人居住的空屋，所以没进去扫荡就离开了。柏之桢全家二十口躲在屋内，人人安然无恙。

有诗为证："汝欲延生听我语，凡事惺惺须求己。如欲延生须放生，此是循环真道理。他若死时你救他，汝若死时他救你。延生生子无别方，戒杀放生而已矣。"

（出自民国·李圆净居士《人鉴》）

放生九年还没改命,换种方式阴德拉满

明代官员、文学家徐中行20岁就中了举人。后来遇见一位高僧说:"你这一生也就是以举人身份做到知县罢了。"可徐中行不想一辈子就这样。高僧说:"只有广积阴德才可以挽回定数。但也要看机会,唯独放生一事,随时随地都可以尽力去做,但一定要数量极多才可贵。"

从此徐中行开始努力放生,但自己家中贫困,一年下来也放不了多少。九年后,他又遇见那位高僧,高僧说:"还不够!"

直到有一天,有人拿30两银子请徐中行写文章。徐中行于是在太湖上买水族放生,不到十天银子就花光了。可这次之后高僧见到他惊讶地说:"你怎么这么快就阴功满面了,明年必定高中!"第二年,徐中行高中进士,最终官至江西布政使。

由此可见,放生力度要大,尤其是水族数量巨多,比如泥鳅、螺蛳、带籽鲤鱼,等等。曾经有个师兄问我,怎样在短时间内放生百万乃至更多? 我说:水族可能更快一些。一袋螺蛳、一筐带籽鲤

鱼、一桶泥鳅,都是百千万众生,很快就可以圆满……

(出自清·陈镜伊《道德丛书·命相真谛》)

启蛰不杀，方长不折

有位粉丝讲述说：我们小学校长的奶奶，那时候老人家是开小卖部的。一到春天，老人家就告诉我们，不要抓青蛙蝌蚪，不要抓小鸟，不要爬树拿鸟蛋……如果你听老人的话不去做，或者告诉其他小伙伴也不要做，老人家就会给你发一些小饼干、糖果。老人家还经常说，吃了鸟蛋脸上长斑，蚊子吸你一口血，何必要它一条命……老人家最后活了90多岁才去世。她的孙子就是当时护生的小队长，而他们家族很是兴旺发达。

《孔子家语》也说："启蛰不杀，方长不折。"意思是，春天万物生，在孕育生命的时节不要杀生，植物刚刚生长时不要去折断。这不仅仅是爱护生命，也是培养自己的慈悲仁厚之心。

唐代著名诗人白居易，也写过一首著名的戒杀护生诗："谁道群生性命微，一般骨肉一般皮。劝君莫打枝头鸟，子在巢中望母归。"这首诗后来演变了一下：劝君莫食三月鲫，万千鱼籽在腹中。劝君莫打三春鸟，子在巢中待母归。劝君莫食三春蛙，百千生命在腹中……

让我们也向那位老人家学习,告诉孩子们:启蛰不杀,方长不折。

跨越300年的历史因果线

北宋宋神宗时，官员马默出任登州知州。当时沙门岛上关押的犯人很多，而官府口粮限额仅三百人。每当犯人超额，就把多余的全投入大海。两年杀了700人！

马默到任后责问官吏说："人命关天，朝廷既然给了他们一条活路，你却又杀了他们。那他们还不如当时就死在乡里！为什么不把缺粮情况汇报给朝廷，却把多余的囚犯都杀了？"随即马默就上奏请求修改律法。囚犯超额时，就把那些刑期较长又没什么错的犯人送往陆地，从此保全了许多人……

马默后来80岁才去世，被追赠为"太子太保"。但你以为这就结束了吗？

300年后，明代《明实录》记载：皇后马氏之先祖，源自宋朝太子太保马默家。也就是说，从北宋到大明跨越300多年的时间里，马默的后人一直绵延相继。而且还出了一位母仪天下、明太祖朱元璋的原配——马皇后！

（史料出自《宋史·马默传》、《明实录》147卷）

买牛放生,高中举人

清代福州有种习俗,凡是一起习文考课的朋友,每当有人考中秀才、举人、进士时,都要捐出一些喜钱,作为落榜人员聚会的资金。

当时有个叫陈经的人,落榜后也去参加聚会,看见有个人牵着一头牛去宰杀,那牛泪如雨下。陈经心生怜悯,和聚会的人商量说:"钱还剩一部分,不如把这头牛买下来放生,我们大家一起做一件积阴德的事。"不过其中有人不同意。

陈经继续说道:"这件事特别关乎阴德,消遣不过一时快乐。如果担心聚会资金不够,我请大家来我家小酌几杯,这样可以吗?"众人不得已同意了。陈经于是把牛送到西禅寺放生,并把剩下的钱交给寺里的僧人,嘱托他们照料。回去后,他又和妻子商量,典当了衣服首饰,请大家重新吃了一顿。

第二年,陈经就成为生员,不久又高中举人,后官至苏州知府。

(出自清·梁恭辰《劝戒录·买牛放生》)

不花钱就能放生的方式

　　明代官员韩世能,家境贫困,其祖父韩永椿喜好放生,但家里又没钱,于是每天早上特意早起,拿着扫帚到河边,将爬上岸的螺蛳(sī)扫入水中,以免暴晒至死或被人践踏、捕捉。有时忍着饥饿,一扫就是十几里路!如此坚持了四十多年,从不间断……

　　明穆宗隆庆丁卯年(1567),韩世能梦见金甲神说:"你祖父放生有大功,从此子孙累代显贵。而你,将先荣享一品官位。"后来韩世能官至礼部侍郎,赐一品朝服。韩家子孙果然累代贵显,六世孙韩菼(tǎn),康熙癸丑年高中状元。

　　许多人一提到放生就说要花钱,可是韩永椿一分钱不花,坚持放生了40多年。当然,不一定都要早上去找螺蛳,下雨天,路面上到处都是蜗牛、蚯蚓,不妨用树枝把它们拨到一旁的土里,避免被踩死,这也是放生……

　　除此之外,您还知道哪些不花钱就能放生的方式呢?

(出自《劝戒录》《太上感应篇图说》)

梦到自己只能活18岁，放生后惊天反转！

明代温州官员萧震，少年时梦见有人对他说，你的寿命只有18岁。萧震17岁这年，父亲要去蜀地为官。萧震不想跟父亲去赴任，父亲追问原因，他只好说出梦境。但父亲却认为这太愚昧，强行带他赴任……

到了四川后，当地官员盛情款待。按惯例要上一道特色美食——"玉筋羹"。做法却极其残忍，先将铁烧红，刺入奶牛乳房，乳汁流出后凝固在铁上，再做成美味。

萧震偶然走到厨房，看到被绑着的奶牛，得知这道美食的做法真相后悲心大起，立刻向父亲要了一块"禁食"牌，下令不吃这道菜。为了永绝后患，他又请求在牌子上刻一个"永"字，即从今以后永远不吃这道菜，以免奶牛再遭这种残忍的伤害。

不久，萧震又梦见有人对他说："你有阴德，不止免受夭折，可望期颐之寿！"萧震后来高寿90多岁而终，一改前梦！

（出自明·陶宗仪《说郛》）

Part 8

人有实德,天有奇报
Man has true virtue, heaven has a wonderful reward

人有实德，天有奇报；黄河决堤，不淹善人

民国时期的高僧印光大师曾讲述，乾隆辛巳年（1761），河南境内黄河决堤，民间村舍半数被淹。陈留县有户曹姓人家，房子被淹没三天三夜，村里都认为曹家断无生还之机。可大水退后，曹家房子竟然奇迹般地没有倒塌，家人也都安然无恙！

大家很奇怪，纷纷来询问是怎么回事。曹家人说，这几天一直觉得雾气弥漫，看不见太阳和月亮，你们要是不说，我们自己都不知道被泡在水里这么久了……

当地官员很诧异，特地前来问曹家是不是做过什么善行。曹家人说，也没有什么善行，只不过每年从佃户那里收来的租金，除了衣食日用外，都拿去接济邻里贫困的人，连续五代人都这么做，从未中断，大概有一百多年了……

印光大师说：由此可知，人有实德，天有奇报……所以拯救世间劫运，挽回人心，除非极力提倡因果报应，否则断断不能收到实效。

（出自《印光法师文钞三编·复潘对凫居士书三》）

修桥铺路积大福

　　清代善书《德育古鉴》中记载,有个叫孙三的人住在涞水西岸。每年冬天河水变浅,人们就无法乘船渡河,又不能徒步涉水,来往行人都很困难。孙三每到冬天就用七块木板搭在水面上,形成一座临时木桥,让人们方便过河,二十年从不间断。

　　孙三68岁时病倒,恍惚之间梦到有人说:"此人曾作七星桥,应当再活一纪(12年)。"孙三后来果然高寿八十,无疾而终。

高人指点他说，你要修桥三百座

清代昆山人周季孚，家中富有且乐善好施，只是人到中年还没儿子。有位奇人对他说："你命中本无子，如果一定要求的话，应该修三百座桥。"周季孚很为难地说："我能力有限，修不了三百座桥怎么办？"

这位奇人说："桥不限大小，也不必一定要自己去建，只要遇见有桥梁损坏的加以修补，也可以凑足数量。"从此只要有造桥、修桥的，周季孚都会参与，脸上从无难色。等到三百座桥修建圆满之后，周季孚也60岁了。但他竟连生三子，长大后均成为一方名儒。

周季孚本人也于康熙四十九年去世（1710），享寿84岁。《安士全书》中说："修造一座桥，便能给无数人带来方便，何况三百座呢？"

可见，我们平时行善，也不必纠结于大小，不一定都要自己单独完成。短期内做不了那么多善事，我们可以参与其中，与人合作乃至劝人行善，都很圆满。

（出自《安士全书》）

无福寒门,这件事后却惊天翻盘!

明代河北邯郸人张绣,家贫无子。他家里有一个装零钱的坛子,攒了整整十年才装满。有一次邻居犯法,走投无路,想卖掉妻子换钱赎罪。张绣自己没孩子,却十分可怜邻居的孩子,一旦没了妈妈就无依无靠。因此毅然把攒了十年的钱全部拿出来,可惜还是不够。

由于钱还是不够,张绣的妻子竟然又把自己的一支钗拿出来,才凑齐了钱。最终保全了邻居一家,而张绣家又回到贫穷状态。

当天晚上,张绣梦见有人抱着一个可爱的孩子送给他。不久张家就喜得一子,取名张国彦。张国彦后来官至兵部尚书、刑部尚书,封太子太保;其子张我续后又官至户部尚书、太子太傅。

也就是说,张家连续两代官至尚书,封一品,从此成为明清时期邯郸的著名望族。

(出自明·郑瑄《昨非庵日纂》)

我不希望有人落水，但我希望那些落水的人能遇见我

有个粉丝说："我今天早上去黄河边玩，突然听见一帮人喊报警，走近一看黄河里漂着一具女尸。见没人敢下水，我便跳了下去。我是一名游泳馆救生员，拉到岸边后有人帮忙抬上来。然后我开始做心肺复苏，三十次胸外按压，两次人工呼吸，尽我所能……后来警察、120都来了，等我回去后接到派出所电话说那姑娘已经死亡了。其实拉上来的时候我就感觉是一具尸体，但我不甘心又试了试，最终还是没能救活。我现在一个人待着，心情很不好……"

我对他说："这是件大好事，怎么心情不好呢？首先随喜赞叹您的发心和善举！这是大爱慈悲，大无畏的勇气！不管跳水者是否已经死亡，您都是敢于跳进黄河救人的英雄！其次，跳水救人和救没救活，这是两件事，怎么能混在一起呢？救不活，是她的命；救，是你的英勇善心！"

然而最让我感动的是，这个粉丝继续说道："我下午去寺院给她点了一盏灯，希望她能平顺前行。寺里问名字，我也不知道，萍水相逢，一死一生。我不希望有人落水，但我希望那些落水的人能

遇见我，因为能活！我不吃肉七八年了，虽不信教，但相信因果。"

  我说："没事，安心吧。这是大善！虽未救活，但救人是大善。横尸黄河被你救上来得以安葬、点灯，这是善上加善！不管您信仰什么，都不妨碍您做一件善事，做一个好人。做善事不一定要求一个好的结果，发心是最重要的。而且，当你做的时候，善功已经成就！"

救人亲者，亲恒为人所救

2022年9月，四川泸定发生6.8级地震。阿坝森林消防支队汶川大队消防员张自立，在搜救现场救下一名婴儿，被网友们亲切地称为"汶川哥哥"。

谁也想不到的是，2008年汶川地震时，张自立家也被震塌了。正是消防员们帮助他们家渡过难关！也是那一年，消防员们在一年级的张自立心中，埋下了一颗善的种子。

多年后，善因结出善果。

汶川地震中被救的孩子张自立，救下了泸定地震中的孩子。最不可思议的是，那名被救婴儿的父亲，也是个消防员……救人亲者，亲恒为人所救。

2023年8月，京津冀地区发生水灾。

一位涿州90后小伙田辰，联系不上爹妈，于是报名参加志愿者，帮救援队找物资、找住处。他说："我能去救别人，我积点德，让我爸妈能尽快出来……"

而田辰帮助过的救援队，最终竟然真的救出了田辰的父母！

母亲被转移至安置点时说:"儿子,咱们能帮人家一把就帮人家一把,挨饿的滋味真不好受。"

所以你看,你每一次的挺身而出,或慷慨解囊,都会化为生命中的阴德与福报。你未必看得见、摸得着,但它们却一直在为你默默护航……

(素材出自《央视新闻》)

救了3800名孤儿,他的后人竟是开国元帅!

宋徽宗宣和元年(1119)五月,颖昌(今河南许昌)发大水,百姓流离失所,很多孩子都被丢弃。著名文学家、官员叶梦得时任地方官,他调查得知,许多人本来想收养弃儿,但又担心孩子长大后被父母认领,所以才放弃。

为此叶梦得专门查阅相关法规,发现有一条:凡是灾难中遗弃的孩子,父母不得再去认领。叶梦得当即引用这条法规,并增加了新的条款,由官方给予收养证明认定合法,并按收养孩子的数量给予资助。

这一举措,极大地鼓励了灾难时收养孤儿的行为。一时间,3800名孩子重获新生!

事后,叶梦得将此事专门记录在案。但记录并不是为了炫耀,而是为了给后世之人留一个参考,在面临同样的情况时,如果找不到更好的方案,可以参考这条记录!

这种发心,真是"功在当时,利在千秋"。

叶梦得后来官至户部尚书、江东安抚大使等,而他也是著名望族"吴中叶氏"的杰出代表。千百年来"吴中叶氏"人才辈出,绵延不绝。开国元帅叶剑英、著名军事家叶挺,均是"吴中叶氏"的后人。

(出自叶梦得《避暑录话》、李元纲《厚德录》)

这种行善方法，福报来得十分迅猛

清嘉庆二十一年（1816），安徽穷秀才柳际清赴南京考试。船行燕子矶时风浪大作，柳际清在船上看到另一艘船被风浪掀翻，14人落水。虽然江上有救生船，但因风浪太大，大家只得袖手旁观。

危急之时，柳际清自己掏钱，悬赏招募救生队，一次救下七人！随后他又慷慨赠送路费，身上的钱全部花光也在所不惜，而他自己一路跌跌撞撞，靠借贷才到南京完成考试。

这次考试柳际清顺利中榜，接着一路捷报，高中进士，授内阁中书，后官至宣化（南宁）知县。

这个故事告诉我们，当别人落难而你又无能为力时，也不一定就要转身而去。比如有人落水而你不会游泳，你可以出资鼓励他人挺身而出。别人行善而你又囊中羞涩时，你可以鼓励更多人参与其中，随喜赞叹他们，同样善莫大焉。

柳际清的福报为什么来得这么快？一方面固然是他出资救人，但背后更重要的原因是他的悲天悯人之心，救人急切之心，以及倾囊相赠、义无反顾之心!

我们或许没钱,但这颗心人人都有,时时可发!

(出自清·梁恭辰《劝戒录·柳州牧》)

为什么我要帮你发财,因为你可以帮助更多的人

《太上感应篇白话解》中记载,江南船夫徐泛爱,生性仁慈,穷人坐船,他从不计较钱多钱少。每天除了吃饭,剩下的钱全用来放生,二十多年不间断。

有一天,徐泛爱在江边发现一座古墓,动物已把古墓刨出了一个大洞。徐泛爱于心不忍,准备与儿子一起去掩埋,结果却发现棺材里全是金银宝物。他对儿子说:"这种不义之财,按理说不应该拿。但既然没有物主,埋在地下也无用处,不如取出来做好事。"

注意哦!徐公并不是拿着这笔钱去大肆挥霍享受,而是用这笔财富广行善事,广积阴德,终生不辍。

徐公80多岁时依然行动如少年,而徐家子孙也从此富贵兴盛,长久不衰⋯⋯

首先我们要看,徐泛爱放生二十多年,突发横财,这也可以说是福缘成熟。但他依然不改初心,继续用这笔钱帮助更多的人,做更多的慈善,所以福报绵长,家族兴旺。

这个道理是说,人不是不能发财,也不是不能挣钱,而是财富

在你手里可以发挥怎样的作用。有人用钱来享受,有人用钱来造福社会,利益众生。这取决于我们的发心和实际用途。

当代高僧本焕老和尚遇见人经常会说,发财、发财,为什么?能力越大,责任越大;财富越多,造福众生越多。

香港著名的风水大师陈伯,经常对那些富豪、明星们说:"我为什么要帮助你们,因为你们可以帮助更多的人……"

(出自《太上感应篇白话解》)

Part 9

身在公门好修行
It's good to practice virtue when in public office

公门之中好修行

清代江苏金山县有位胡先生,有一年审理一起抢劫杀人案时,共捕获罪犯30余人。当时法律规定,凡是强盗伤人,不分首犯从犯一律处死。胡先生看到30多名犯人都是失业贫民,于心不忍,于是只判决两名主犯死刑,其余一律充军,活人一命。县令认为判得太轻,胡先生说:"他们并非惯犯,被害人也是意外跌落身亡,并非用刀枪故意杀死,理当轻判。如果省里驳回,我一人担责,处罚我一人就好。"

结果报到省里,连续三次都被驳回。可胡先生还是冒着丢官乃至送命的危险继续极力申辩。巡抚拍着桌子呵斥说:"你到底收了多少好处,为什么判得这么轻!"胡先生只是平静地说了一句:"没有其他原因,只是——公门之中好修行。"

巡抚顿时怒气全消,这才发现胡先生面目慈祥,善气迎人,一看就知是公门修行的好人,并非那种贪官败类,于是又和颜悦色地问:"你有几个儿子?现在做何行业?"胡先生说:"我有四个儿子,大儿子侥幸刚刚中举,其余三个儿子都是县学生。"巡抚听后肃然起敬地说:"这真是公门之中好修行啊。这个案子,我批准你的判决。"

第二年,胡先生的大儿子胡向山又高中进士,后官至太守。其他三子也个个出人头地,子孙兴盛,书香不绝。

(出自《坐花志果》)

大明王朝唯一善终的开国功臣,究竟积了多少福报?

明代名将徐达,生前封"魏国公",死后配享太庙,被列为明朝开国第一功臣。其长女为明成祖朱棣徐皇后,子孙连续11代"世袭罔替"……徐达究竟积了怎样的福德?

元至正二十年,徐达、常遇春在九华山下大败陈友谅,斩首万人,生擒三千。常遇春说:"此劲旅也,不杀为后患。"而徐达并不同意,将此事上报给朱元璋。可常遇春却抢先在夜里将一半多俘虏活埋!朱元璋闻此不悦,将剩余俘虏全部释放。

在攻取平江城、捉拿军阀张士诚之际,徐达又下令说:"抢劫百姓财物者死,毁坏百姓房屋者死。"入城后,百姓安然如故。

《明史》记载,名将常遇春剽悍勇猛,然而攻城后不能做到毫无杀戮,但徐达所到之处,从不扰民。

攻下元大都后,徐达仅斩杀了少数拒不投降的官员,此外未杀一人。他还命人封闭府库、收藏图书典籍,派兵守好宫殿,让宦官看护好宫女、嫔妃、公主,严禁士兵侵辱。入城后,百姓安居乐业,街市照常营业。

自古名将战场扬名者不计其数,然不妄杀者非常罕见。

徐达一生建功无数,所到之处百姓不受侵扰,井然有序。明太祖朱元璋曾称赞徐达说:"受命而出,凯旋而归,不骄傲,不自夸,妇女无所爱,财宝无所取。中正无疵,品德昭如日月,大将军一人而已!"

(出自《明史·徐达传》)

欧阳修：我的福报从哪里来？

北宋名臣、唐宋八大家之一欧阳修，被贬夷陵时，有一次批阅一些陈年案件。结果却发现里面有很多冤假错案。欧阳修感叹地说，夷陵这个小地方都有如此多的冤假错案，那么放眼天下可想而知啊！

欧阳修当即对天发誓，从今往后处理事情，要更加勤勉谨慎！

三十多年后，欧阳修已名满天下，他回忆说："从那时起，我出入朝廷，直到官至副相，一直以此自勉。人们以为我是以文章而获得今日地位。在我自己看来，其实是当年发誓之后三十多年来勤勉谨慎的福报。"

（资料出自元·叶留《为政善报事类》）

什么样的人能"逢凶化吉"？

明代官员陆溥（pǔ）夜过鄱阳湖时，船突然漏水。危急时刻，陆溥跪在船上祈祷说："舟中一钱非法，愿葬身鱼腹！"意思是，如果我平生有一文钱是非法所得，我情愿葬身鄱阳湖。反之，则是我命不该绝。陆溥刚祈祷完，船竟然不漏了！天亮后陆溥一察看，原来船底有三条鱼被水草缠住，正好堵在了漏洞上！

这就是平生不做亏心事，船底漏水心不惊。陆溥一生孝友承家，廉洁为民。他的七世孙陆陇其，为清代著名理学家，配享孔庙第一人。

我总是劝勉大家"但行好事，莫问前程"，因为我们只要好好做个人，天塌下来可能都砸不到自己。心地光明，前程似锦；心地不善，前途灰暗。

（出自明代天启年间《平湖县志》）

被人算定不得善终，却因这件事逆天翻盘

清代名臣方观承，幼时因父亲涉案被牵连，家境贫困。有一次经过杭州，有位术士看到他后出来揖说："贵人到了！"方观承怀疑对方是开玩笑，正色道："开什么玩笑！"

术士说："我纵横江湖几十年，看过很多人，从未走眼。您某年会做某官，某年会升任总督，只可惜不能善终。如今您脸上官星已透，您可以立即进京，以顺机缘。"

方观承说："且不说我是罪人子女，不可能进入仕途，就算有机缘，我两袖空空如何进京？"

谁知术士当即取出二十两银子送给方观承，并写了个名字，托付他说："他日您当陕甘总督时，如果有总兵贻误军机当斩，拜托您手下留情，就算报答我了。"方观承于是北上进京，后来因书法偶得雍正帝青睐，从此平步青云。

公元1755年，方观承果然出任陕甘总督。

有一天，某总兵贻误军机当斩。方观承想起前事，仔细询问，原来竟是当年那个术士的儿子。方观承又想到当年术士曾说自己

不得善终,于是又请来术士化解,可术士说:"定数难违。"方观承也无可奈何。

方观承任直隶总督时,发现直隶每年上报流民死于路上的事件高达数百起,于是想设立留养局来救济流民。第二天,术士看到他后就恭贺说:"大人满面祥光,一定已有莫大功德,不仅免遭刑戮,还有望子孙显贵,您做了什么事积了这么大的德?"方观承于是说自己打算设立留养局救济流民,随后上奏施行,救活百姓无数。

不久,陕甘军营事发,两个巡抚、一个将军被正法,方观承受牵连按律当斩。但乾隆帝特意下旨赦免。方观承之子后来官至闽浙总督,侄子官至直隶总督,其孙官至沅州知府……方家世代显贵。

纵观方观承的一生,前半生被术士算定,从贫寒交迫到平步青云,但不得善终。后半生却逆天改命,不但躲过大劫,且福泽子孙。谁说命运有定?谁说定数难改?我只知道:天道无亲,常与善人。命自我立,福自我求!

(出自《清稗类钞》)

如果你的钱是干净的,请放心,家运会慢慢好起来

《太上感应篇例证》中记载,邹平县令樊毅善于搜刮民脂民膏,不到二年,资财丰厚。樊毅罢官后对邻居王辅说:"我当官数年,一看财产,白金才五千两,黄金、彩帛还不到一千两。"言下之意是,还挺少。而王辅说:"不要说我穷啊,我积蓄的俸禄和大家的馈赠加在一起,也足有六百两银子啊。"樊毅认为六千两还少,而王辅则认为六百两够多了。

有意思的是,樊毅有三个儿子,相互不容,都要求分家单独住,买房的买房,买田的买田。不但搜刮来的钱都被三个儿子搜刮干净,而且还怀疑他自己留了一些私房钱,因此都不给他养老。樊毅最后仅剩几亩田,孤独无依,郁郁而终。孙子们也很快都衰败了。

而王辅有四个儿子,不但安度晚年,而且十分安逸,每天浇花灌草,种竹消遣,享尽清福。两个儿子为官,孙子多补了生员,家道持久不衰。

所以你看,不义之财纵有亿万,然而子孙却不能守,因为来的

个个都是"讨债鬼"。清白传家纵然清贫,然而却积福报与子孙,家道生生不息。这两者你更喜欢哪一种呢?

(出自《太上感应篇例证》)

肉眼看不见的福报,真的就不存在吗?

宋仁宗康定年间(1040—1041),西夏入侵。当时守边的寨主与监押准备躲进深山,等西夏兵走了再回来。此时延州(今延安)指挥使史吉,率部下几百人挡住城门说:"躲避可以保全部队,但城中百姓、粮草怎么办?他日如果有关部门弹劾,我作为指挥使,肯定免不了一死。如果这样,不如今天先把我斩于马前!否则,我不敢跟从!"

寨主与监押只得回去。史吉率众顽强抵抗,西夏最终无功而返。不过,事后寨主和监押却因为保全城池而升迁,史吉没有任何奖赏。史吉说:"侥幸没有失城,我岂能奢求功劳呢?"

你以为这就结束了吗?

史吉后来官至团练使,三个儿子皆入朝为官。女儿则嫁给了北宋名将郭逵,家族富裕,子孙有官。这个福报,大大超过了当初那两位升迁的官员。

有时候,福报未必马上现前,肉眼也看不见。但我们发过的心、行过的善、积过的福,又岂会落空?纵然有时不尽如人意,但终会以其他的形式呈现。因为世间善举,上天从不亏欠。

(出自司马光《涑水记闻》)

和珅的悲惨结局:断子绝孙!

近年来有一些人说做人要向和珅学习,我不知道要向这个史上最大的贪官学习什么,但我想说的是,大家都知道和珅被赐死,可多少人知道和珅还断子绝孙了呢?

嘉庆四年(1799)正月,乾隆去世。十天后,和珅就被嘉庆帝抄家并赐死,年仅49岁。然而在此之前,和珅家的"花报"就已经开始了,只是他自己不知道而已!

嘉庆元年,和珅的小儿子刚满两岁就夭折。两个月后,和珅的弟弟、四川总督和琳,又在军中染瘴气身亡!嘉庆二年,和珅唯一的孙子也突然夭折!嘉庆三年,和珅结发30年的妻子冯氏也撒手而去!一年后,和珅被抄家赐死……也就是说,和珅死之前的三年中,小儿子、孙子、妻子、弟弟相继死亡!

更惨的是,十一年后,和珅唯一的儿子丰绅殷德也染病去世,年仅36岁!至此,和珅家断子绝孙……

据清末著名外交家薛福成的《庸庵笔记》记载,当时查抄的和珅的家产约2.6亿两白银,这还不包括未估值的资产。而当时乾隆朝一年的财政收入才7000万两，和珅贪污所得，竟是整个国家收入的好几倍。

古人说：受一文枉法钱，幽有鬼神明有禁；行半点亏心事，远在儿孙近在身。

和珅一家的悲惨结局，就是天道好还的明证！

行半点亏心事，远在儿孙近在身

乾隆年间，浙江金华的皇甫先生，罢官后在吴江笠泽书院教书。他为人忠厚，深得百姓和学子们喜欢。然而这位忠厚的长者，晚年却特别困顿凄凉。儿子高中举人却暴病而死；老两口无依无靠地寄居他乡，也先后去世了。

这里面究竟有什么因果呢？

皇甫先生曾经对人说："我有个门生，很有才华但品行不端。他中举后嫌弃自己的未婚妻出身贫寒，于是诬陷未婚妻有外遇。恰好未婚妻生病肚子鼓胀，这门生就诬陷她未婚先孕。我轻信了他的话，把那女子押过来当堂审讯。岂料这女子性情刚烈，突然拿出一把刀把自己的肚子剖开来自证清白，当场惨死！这件事曝光后，门生被判死刑，我也因此丢了官，心里惴惴不安。不久，我儿子就暴病身亡！如今老夫老妻无依无靠，眼看就要客死他乡，恶报来得真是很残酷啊！"

（出自清·梁恭辰《劝戒录》）

Part **10**

积善之家，必有余庆
Goodness will be rewarded in the family.

保留一片良好心田,留福田与子孙

《太上感应篇汇编》中记载,有位张其蕴先生说:"我家从高祖时起,以孝悌友爱开基立业,世代忠厚。但我本性笨拙,没本事经营生产,不能积累财富给子孙。所以我只求不败坏家风和名声,保留一片良好心田,留给子孙来耕种。"

所以,当我们暂时无力改变命运时,可以怎么做?

不要做。就是不要折腾,不要"作"。

我们至少可以不败品德,不干坏事,不损家风;至少不要上蹿下跳,投机钻营,见利忘义……没福报,没能力,没机会,那就先做一个好人。接受现状,自强不息,努力为善,以待天时。我们至少可以保持清白正直,忠厚善良,问心无愧。

不作,保留一片良好心田,留福田与子孙,留机会与后代,也许就是改变命运的开始……

九代同堂之福,全靠这个字

唐代著名长寿人物张公艺,他的家族九代同堂。南北朝北齐、隋朝、大唐贞观年间,连续三朝朝廷多次对张家慰问旌表。据《张氏族谱》记载,张家九代同堂,合家900人,每天鸣鼓集体吃饭。家族中养狗百只,也同样效仿家风,但凡一只狗没到,其他的狗都不会吃饭……

唐高宗李治封禅泰山时专门去了一趟张家,求教张公艺究竟是如何做到九代同堂还能和睦孝义的?张公艺什么也没说,只是拿来纸和笔,连续写了一百多个"忍"字……唐高宗看完之后潸然泪下,下令赏赐。

张公艺高寿99岁,其家族也更加繁荣兴旺。这个连写一百多个"忍"字的张姓分支,至今依然叫"百忍堂"。

所以,当生活鸡零狗碎、一地鸡毛时,当你忍无可忍时,想一想张公艺。对了,在我国民间传说中,玉皇大帝的名字叫作——张百忍。

(史料出自《旧唐书·孝友·张公艺》)

你把孩子的福报都花了，你问过孩子吗？

我先问大家一个问题：你给孩子花钱，用的是谁的福报？

很简单，谁受用就是谁的。

比如某富豪，拼命在孩子身上花钱，十几岁的孩子一身衣服就十几万，一天的花费和开销更是惊人。看上去是父母在花钱，但受用的是孩子，所以用的其实是孩子的福报。普通家庭也一样，虽然养孩子是父母在花钱，但受用者是孩子，还是他有这个福能受。

那么问题来了，你怎么知道这孩子将来有福没福呢？老实讲，不知道。但我们看到，很多童星少年时红遍大江南北，长大后却籍籍无名；很多孩子少年得意，长大后却平平无奇。这里面的原因，想必大家都猜到了。

所以做父母的要注意，我们养孩子，究竟是要帮孩子积福、惜福，还是帮孩子把福花掉？

唐代有个官员问马祖禅师，吃肉好，还是不吃好？马祖并没有直接回答，而是说："吃是你的禄，不吃是你的福。"吃，也是你自己的福禄。吃得越多，用得越多，花得越多，耗得也就越多。

反之,省得越多,珍惜得越多,节俭得越多,积得越多,将来受用的就越多。

这两个家族为了避免福报跌停，做了这件事！

很多人都看过电视剧《乔家大院》，乔致庸家族从寒门到巨富经过了几代人的努力。但当乔氏家族成为名门望族后，竟制定了一个"六不准"的家规，即不准纳妾，不准赌博，不准嫖娼，不准吸毒，不准虐仆，不准酗酒。

不是说有钱人可以为所欲为吗？为什么乔家还制定那么多家规约束子弟，这也不准，那也不准，搞得一点自由都没有呢？

还有一个家族，就是金庸老爷子背后的海宁查氏，他们早在明代时期就确立了家训：毋贪于酒，毋贪于色，毋学赌博，毋好争讼……可以说，海宁查氏名人辈出，兴旺数百年，和这个家训有着千丝万缕的关系。

乔家和查家的家训里都有"不准""毋"这些字眼，本质上也是一种"戒律"。一个家族要想保持富贵兴盛，除了积极进取、行善积德之外，最重要的就是"持戒"，必须远离那些损福的恶习。不然哪怕先辈们艰苦奋斗、行善积德攒下了家业，也架不住子弟们挥霍损耗。

个人改变命运也同样如此。不重视"戒心",不远离贪嗔痴慢疑、财色名食睡,哪怕辛苦积了点福,也会被这些恶习损耗一空。"不准"其实就是给命运兜底,"毋"其实是给福报护航。希望大家在乘风破浪的同时,常怀戒心,这样才能福泽绵长。

(出自花雨满天)

两亿家产,半分不留后代!

《后汉书》中记载,东汉人折像,一度拥有两亿钱家产,奴仆多达800人。后来折像在读到《老子》中的"多藏厚亡"时,忽然领悟到财富聚集得太多,必会遭人忌妒,也容易遭受天灾横祸。于是他做出了一个令世人瞠目结舌的决定——散尽家财,全部周济给需要的人!

有人很不理解,劝他说:"你还有三子两女,而且子孙满堂,正值此时,更应增加家业,为什么反而散尽家财呢?"

折像听后淡然一笑,引用春秋时楚国名相斗子文的话说道:"散财是为了躲避灾祸,而非逃避财富本身。我们家已富贵许久,富贵太满是道家所忌。何况今日世道衰微,乱世将起,我家子孙个个没有真才实学,更无仁德之心。如果突然继承享用巨额家产,这才是真正的不幸!如同高墙已有裂缝,建得越高,只会塌得越快!"众人听后个个叹服!

折像后来高寿84岁去世,家无余财。而他子孙的顽劣衰败,也皆如他生前所言。

中国有句老话说,子孙比我强,自会发家,那要钱做什么? 子孙若不肖,再多的钱也会败光,那要钱做什么? 您认同这个道理吗?

(出自《后汉书·方术传》)

他给儿子留下这样东西,儿子竟成为大唐第一名相

隋代官员房彦谦,曾任泾阳县令,因为家中有些旧产业,所以他将自己的俸禄全部用来周济亲友,以至于自己家屡次缺衣少食。然而他依旧恬淡适之,史书称其"家无余财"。

房彦谦曾对独子说:"别人都因当官而富,唯独我因当官而贫。我没有什么钱财留给你,留给你的只有'清白'二字。"

房彦谦的独子叫房玄龄。房玄龄任宰相二十年,亦是大唐任职时间最长的宰相。

所以说,不要觉得你现在没什么可留给子孙的,即使你的物质财富再匮乏,依然可以留清白给子孙,留正直善良给子孙,留正气家风给子孙,留问心无愧给子孙……

这才是留给子孙最可靠的财富。

(出自《北史·房彦谦传》)

家有贤妻，不遭横祸

《臣鉴录》中记载，潼川人王藻做狱吏时，每天都往家里拿钱，妻子怀疑钱不干不净，于是派婢女送十块猪蹄给丈夫。等王藻回家后，妻子故意说，我让婢女送了三十块猪蹄给你。

王藻十分生气，以为婢女偷走了另外二十块猪蹄，于是严厉拷问。婢女屈打成招，含泪承认。妻子这才告诉王藻真相，并说："你每天往家里拿钱，我估计是冤狱非法所得，所以才用婢女试探一下你。你看刑罚之下，明知自己冤枉，但还有什么事是不能招的呢？但愿从今天起，你不要再往家里拿一分钱了！不义之财，死后必招罪责！"

王藻听后恍然大悟，从此弃官修道，后赐道号"保和真人"。

王藻妻子的言行，能令现在多少家庭汗颜？很多人一发达，家里人就恨不得人人沾光，甚至连村里的野狗都可以弄来当警犬。不仅如此，作为家属还高调炫富，抖威风、耍横，如果说"妻贤夫祸少"，那么反之呢？因果难逃！

（出自《臣鉴录》）

不嫌弃老婆的人,有多大福报?

元代末期,有位姓郭的先生游历到安徽定远。当地有个富人,女儿是个瞎子,一直没人愿意娶,郭先生毅然娶之。谁知从此家境开始转变,一发不可收拾,且连生三子。老郭的二儿子郭子兴,后来成为元末起义军领袖,而且收养了一个女儿马氏,马氏的老公,叫朱元璋。

今天讲这个故事,很有必要。

清代官方编修的大型类书《渊鉴类函》中,将"娶瞽"(即娶盲女这类事迹)列在"阴德"的条目下,也就是说,当时官方都认为"娶盲女"是大积阴德。

当然,我们生活中可能很少遇见"娶盲女"这种情况。但遇见长相不如人意,有残疾、有缺陷的有没有呢?退一万步说,嫌弃自己老婆的人,嫌弃老公的人有没有呢?要么嫌弃相貌,或者嫌弃家庭出身,或者嫌弃对方收入……古人说娶盲女大积阴德,难道不嫌弃另一半,就不是大积阴德吗?

要知道,夫妻福业相当方为夫妻,否则也成不了夫妻。

要知道，福在丑人边，残疾人、有缺陷的人，如果能善待他们，就是替天容人。

要知道，如果你总是处处嫌弃，不但没有大积阴德，恐怕还会大积阴祸！

（郭子兴故事出自《明史·郭子兴传》）

夫妻同时行善，福报又猛又快

清代福州有位廖先生，家里贫穷，年底没钱过年。有一天，有个学生来送年礼，是钱票一千文。廖先生心想，我虽然穷，还有人送年礼。可我还有个亲戚刚刚去世，妻子守寡，儿子年幼，又如何过年呢？廖先生于是拿着钱票买了五斗多米，送到亲戚家。

谁知亲戚惊讶地说："你们家刚送来米，怎么又来送呢？"一问才知，原来是自己的妻子王氏一大早就送来了五斗米。可妻子又哪来的钱呢？

廖先生回家后问妻子，妻子说："我实在觉得他们家特别苦，但我们家也不富裕，所以不想劳你操心，我当了自己的耳环买了些米送给了他们。"廖先生见妻子贤德如此，十分高兴。

廖先生之子廖陆峰，继承家风，一生行善不辍。他的六个儿子，五人中举，其中三人高中进士，福州人称"五子登科"。廖氏子孙从此代代发达，成为当时著名望族。

所以说，夫妻同心，其利断金。但有时候我们经常遇见某位家庭成员积极行善，另一位却反对，认为他浪费钱财。其实大可不必。一方行善,另一方即使不乐意,也不要劝阻、反对。如果夫妻一起行善,乃至全家一起积福,试问这样的家庭又岂能不富贵长久呢?

(出自清·梁敬叔《劝戒录》)

夫妻之间一定要相互提醒，莫造恶业

明代万历朝官员刘应秋，父亲曾任浔州（今广西桂平）司理。有一次，上司发来一个囚犯，指示要判成死刑。刘父日夜叹息，妻子问其故，刘父说："这是个冤案，上司让我办成死罪。抗命则影响前途，听命则枉杀无辜，两难啊！"

谁知妻子听后厉声说道："丢官事小，人命事大。世上难道有靠杀人来保住官位的吗？"刘父于是不再犹豫，违抗上级命令全力为囚犯平冤。上司很生气，刘父却毅然辞官而去……

刘父的儿子刘应秋，后来高中探花。刘应秋之子刘同升，又高中状元，其岳父是著名剧作家汤显祖。这真是"家有贤妻旺三代"啊！而夫妻之间也一定要相互提醒，莫造恶业，因为影响的可能是整个家庭。

（资料出自清·陈镜伊《道德丛书》）

嫁女儿时嫌弃男方穷，却错过一位兵部尚书

清代乾嘉时期的官员金士松，家境贫苦。父亲金老先生为他定了一门亲事。订婚时，老先生的朋友赵某同时也是媒人，带着聘礼来到女方家。女方家姓徐，家财丰厚，谁知突然临时变卦说："差点被你耽误了，现在才知道金家穷得一无所有，我女儿怎么能嫁给穷家子弟呢？"

赵某说："您已经答应了婚事，怎么能不守信用呢？"但徐家依然坚决不同意。赵某无奈只得回去。当时金家已是宾客满堂，听说事情突变，都默然不语。

一筹莫展之际，赵某沉思了一会儿对金老先生说："咱们是老朋友，我家有一个小女儿，年纪和你儿子差不多，把她许配给你儿子，咱们两家联姻怎么样？"金老先生很高兴地答应了，立刻请在场宾客帮忙做媒。

后来，金老先生的儿子金士松高中进士，后官至兵部尚书。夫人赵氏，也就是赵某的女儿，受封为一品夫人！而嫌贫爱富的徐家女儿，却不知到什么地方去了。

《朱子家训》中说：嫁女择佳婿，毋索重聘，娶媳求淑女，勿计厚奁（lián）。嫁女娶妻一定要看人品，看潜力，看家教，不要看财产。人品好的人，福报一辈子都不会差。反之，嫌贫爱富之际，已是损福之时。

（出自清·梁恭辰《劝戒录》）

如果不对你狠点，你的福报和寿命都会受影响！

明朝万历年间，有位书生20岁即考中进士。他的主考官及同年考中的学友们都很器重他。但奇怪的是，这位书生的父亲，却在他高中进士之后待他更严厉。稍微不如法，动辄就鞭打辱骂。

有一次，同学请书生吃饭，书生却因父亲的斥责迟迟才到，于是向同学哭诉这种事。谁知同学听后大为感叹，并佩服地说："难怪啊！你父亲真是深深地在为你着想啊！像我们这样的，往往用半辈子的苦心才考中进士，而你年龄不到二十就高中进士，而且名声远扬反胜我等，这是天地造化所忌的。你父亲如果不用一些恶辣的手段来严厉教诲你，那你必定会任性放纵，那么你的福报和寿命都将会受损！"书生这才幡然醒悟。

回家后，书生态度已变，父亲惊讶地问："你是领悟了我的本意而改过的？还是谁向你说破了？"书生如实相告，父亲于是命他拜同学为师，从此取长补短。

所以，少年得志尤其要注意，一是骄傲，二是放纵，三是不知惜福,这些都极损福报。无论是孩子还是家长,一定要注意。

(出自明·蕅益大师《见闻录》)

怎样确定孩子有没有福报?

元代将领刘伯林的手下曾抓获上万名俘虏,刘伯林认为他们都是胁从,于是都放了。刘伯林所到之处皆与民休养生息,百姓称之为"乐土"。他曾说:"我听说保全千人生命者,其子孙必定受封。我一生所保全的又岂止千人,子孙必有兴者乎?"刘伯林之子刘黑马,官至太傅,封秦国公;其孙刘元振、刘元礼,皆显贵。

元代官员李德辉,五岁时父亲去世。但父亲去世前指着李德辉说:"我一生审理案件不敢苛刻,得到我帮助的人很多,上天或许会有所回报。这个儿子就是要光大我家的那个人吧!"李德辉后来果然成为元代名臣。

我们都很关心自己或孩子的前程,有时候还算来算去,问东问西。其实,你有多少福报,孩子有没有出息,自己心里没数吗?《易经》中说,积善之家必有余庆,积不善之家必有余殃。我们积了多少福,行了多少善,还用问别人吗?

(出自《元史·刘伯林传》《元史·李德辉传》)

父母给孩子买东西,千万要注意福报

我前几天休假在家带孩子,想好好弥补一下缺失的陪伴,于是应孩子要求,一口气买了好几件玩具。然而后面的事情,却大大出乎我的意料。

先是第一件玩具来时,孩子高兴地玩了三天,甚至睡觉也要抱在怀里。可是第四天就不感兴趣了!第二件玩具也是玩了几天就扔在一旁……等第三件玩具来时,意外发生了,孩子还没玩两下,玩具就坏掉了!

我意识到不对,或许是意外,或许是质量原因,或许是孩子操作不当,但却给我提了一个醒。我对孩子说,这些话你可能听不懂,但没事你先听着,将来就懂了。记住,任何事不要贪心就好,贪心得来的东西不一定长久,你不一定能拥有。

所以,一定要替孩子惜福,孩子不懂事,家长要有警觉。孩子如果不会惜福,他主动或被动损坏的东西就多,损耗的福报也多。看似意外的发生,其实却有很深刻的道理。

另外,太轻易得到的东西,往往也不会珍惜。再怎么喜欢,得来的时候有多轻松，放弃的时候就有多随意。一来一去之间，福报就消耗了……

Part 11

货悖而入者,亦悖而出
What is taken by injustice will be taken away by injustice.

分外之财不可欲，分内之财不可足

晚清官员段光清讲述说，他老家安徽宿松有个富翁姓罗，其父辈每次买田产从不与人计较，并说："让卖家多挣一些钱。他日我家子孙如果没落了要卖田产，或许也可以多卖一些钱。"

曾经有朋友问罗家的罗金缕先生："一家饱暖十家怨。您家富了那么久，乡里人却无怨言。必定是保家有道啊。"罗先生说："的确如此。我父亲有训：分外之财不可欲，分内之财不可足。"意思是，分外之财不可贪图，就是自己挣得的钱财也不可盈满充足。

朋友说："难怪啊！这种家庭，持久富裕难道不是应该的吗？"

在罗家家风的教导下，罗家子弟人人知书达理，毫无浮华之气。每次赶考都是几十人，却无一人去花街柳巷。因此家道绵长，富贵持久。

（出自清·梁恭辰《劝戒录》）

千万不要侮辱财神的智商

刘余莉教授曾说,现在人都喜欢供财神,误以为放上100块钱,供上一些香蕉、水果、鲜花,改天他就保佑你。如果是这样的话,就是一种贿赂神明的心。你给他供水果,他就保佑你,我不给他供水果,他就不保佑我。那这神明岂不是和世间贪官差不多了吗?这种心,本身就是亵渎神明的心,怎么可能得到保佑呢?

我们推而论之。中国有句老话叫"聪明正直,死而为神"。

如果财神是聪明的,那么我们摆点供品,除此之外什么都不做,甚至净做坏事就想求财,这不是侮辱财神的智商吗?另外,神明总是希望人们仁厚善良、诸恶莫作、众善奉行,如果我们不是这样,那就是与神明心意不合。与神明对着干,那还能求什么呢?

大年初五迎财神,总要先领会财神的心意吧。财神希望我们今年做点好事,平时起心动念、言行举止,多合乎良心,多合乎道德,多利益他人……如果这些都不想做,还好意思打扰他老人家吗?

发了意外之财,千万注意要这么做

清代天津宝坻有个李翁,驾车为业。他曾拉着一个布商去陕西做生意。卖完货后,货主觉得李翁端厚,准备继续雇他的车回江南。意外的是,货主却突然暴病去世!车上留有两万巨资,而货主并没有留下家乡地址。

李翁只得先厚葬货主。随后一想:"穷人突然暴富,不祥。"接着又想到来的时候山东大荒,人相食,于是干脆把所有银子都买了粮食,直奔山东赈灾。事了之后,继续重操旧业,驾车为生。

然而这件事后,李翁一帆风顺,无往不利,几年后就成了巨富。更意外的是,他的长子已经20岁了,有天在地里干活回来后突然想读书。李翁说:"你早就不上学了,现在再读书也没什么用。"但儿子却很坚持,而且此后竟然过目不忘,没几年就考中了大学!三个儿子,两个进士一个举人;孙子十几人一代比一代强!李家也成为当地巨族。

其实,很多人在生活中也都会有意外之喜。比如捡钱,中彩票,突然得了一笔奖金等等,当意外之财来临时,请别忘了:世上苦人多。若拿出一些来行善布施,你也失去不了多少,却为将来种下了更多的"善因"。

(出自清·梁恭辰《劝戒录》)

财运没到，不要乱花钱

南宋官员赵雄，没发达时家里很穷，有一天夫妻二人相对痛哭。谁知第二天扫地时竟然意外捡到一锭银子，重25两，这才解了燃眉之急……多年后赵雄官居宰相，有一天发俸禄时却发现少了一锭银子。赵雄打算第二天问一下。

谁知当晚赵雄梦见有人对他说："某年某日，您已经先借用了一锭银子。"

这个故事至少说明了两个道理。

第一，即使你将来会有钱，但没到时候，该穷还得穷，该努力还得努力。

第二，你今天透支的，其实也是你日后该享用的。但今天透支一份，日后就少一份。正如赵雄年轻时时运未到，纵然捡到一锭银子，日后也会从他工资里扣除。所以大家不要超前消费，大量透支。你透支的也许是你日后享用的。你透支越多，日后享用的不就越少吗？

还有那些坑蒙拐骗，盗贪偷抢来的不义之财，如果你走正道，好好努力，那些钱本来也是你的。但你非时而取，非义而取，将来也会从你的受用中削减掉，也许还会连累子孙，何苦呢？

欠钱不还的悲惨后果

国学大家傅佩荣老师曾讲过一个自己的亲身经历。

有个朋友总是和他借钱,借到最后差不多有80万元,但那朋友还要借,并说:"我在别的地方也欠了钱,那边比较急,我都欠你那么多了,能不能再借点,凑个整数,我先还别的债。我爸爸那还有好几块地,将来总是会分配给我们子女的。"

傅佩荣老师为人善良,还是借给了对方。可过了半年,对方依然只字不提。傅老师有天问,你情况如何啊?那朋友说:"我现在没钱啊。等我爸爸死了,遗产分到手就还您。"

傅老师吓一跳,立刻说:"你不要讲这种话,你欠我钱是一回事。您父亲高寿如何,跟我怎么会有关系呢?您千万不要想这个!"从此傅老师再没催对方,整整11年没打过一个电话。

十一年后,傅佩荣老师在一次新书发布会上偶然碰见这个朋友,于是过去打招呼。结果对方说:"我父亲三年前去世了。他去世的时候和我们说,遗产不要直接给子女,要隔代遗传,这样就可以省一次遗产税。所以我父亲的钱直接给了两个孙子,我没有分到。欠你的钱还是没办法还您。"对方还是一如既往地承诺说,放心,三个月内一定想办法！傅佩荣老师很慈悲，心想，怎么会有这种事情呢？算了，那就再说吧。

又过了半年，那朋友的小儿子打电话给傅老师，说我爸爸得了癌症，已经去世了！我妈妈交代说，傅老师的钱一定要还！所以我准备好了钱……其实傅佩荣老师这么多年也没催过对方，可对方还是得癌症去世了！

后来傅老师感慨地说："那些钱说实在的也是我辛苦写文章、教书所得，十几年也没催也没要一分利息。你骗我们这种读书人、教书人，说实在太容易了。但是，没有必要嘛……"

所以借这个故事也提醒一下那些欠钱的朋友们，如果实在没有能力还，咱就努力工作挣钱。但如果有钱不还还故意搪塞，把别人的善良当作自己的小聪明，其实，也是有因果的。

你的横财,究竟从哪里来?

你相信吗?你所得到的财富,无论正财、横财,其实都是你本该得到的财富。

明熹宗天启年间,县令王某赴任途中,在一个邮亭过夜。遇见一个红衣人对他说:"我是守财神,已经等你很久了,你现在可以把钱拿去。"王县令问:"有多少钱?"对方回答说:"万金。"王县令说:"路太远不便携带,等我回来时再取。"

县令到任后,贪赃枉法肆无忌惮,又得到好几万金。他想着邮亭那里还有一大笔财富,因此便把贪赃来的数万金全部挥霍了。任期满后路过邮亭,谁知红衣人说:"那笔钱已经被你全部用完了,我也该告辞了。"县令大惊:"我从来没有用过这笔钱啊!"红衣人说:"你某月接受馈赠若干,某日敲诈若干,这些加在一起正好是这个数。"县令大惊,可自己搜刮的钱财已经挥霍光了,最终在他乡郁郁而终。

就像奸臣秦桧、李林甫、和珅等人,他们能做宰相、能得富贵,是他们本来的福报。但用什么方式得到,却是自己的选择。所以,我们每个人该享的福，其实一分都不会少；正财、横财，其实本来都是你的财，但如果采用阴谋诡计非法而得，该受的罪，一分也不会差。

（出自《太上感应篇例证》）

财富聚集却是结怨所在

明代初期江西吉水富翁解开，家中富有，乐善好施。凡亲友故旧结婚、丧葬如有财力匮乏，他必会鼎力救助。凡遇他人告急，他也必会赴汤蹈火前往救援。解开曾说："谁不想多存点财富呢？然而财富聚集却是结怨所在。我只知道种善根，将来可以留福德给子孙，哪有时间积财呢？"

解开有两个儿子：长子解纶，官至侍御史；次子即是著名才子、名臣、大学士解缙，建文帝时，官至内阁首辅。

所以你看，你的财富它只是财富，或许子孙可用，或许子孙败掉、损耗，都有可能。唯有种善根，留福德给子孙，看不见摸不着，却如影随形，想甩都甩不掉。

古人云：人在患难颠沛中，善用一言解救，上资祖考，下荫儿孙。别人在患难之中，哪怕你用一句话解救，都可以超拔祖先、福荫儿孙，更何况平时勤种福田呢？

（出自《太上感应篇汇编》）

你家有没有"金银之气"?

清代善书《劝戒录》中记载,松江府(今上海)的马晋,有天晚上遇到一个死去的朋友,因为生前交好,所以并不害怕。俩人同行了一段路程,朋友忽然指着一户贫寒人家说:"想不到这家竟然有金银之气!"马晋问:"你是怎么知道的呢?"

朋友说:"凡是世人通过阴谋诡计、贪污聚敛的财富,或是攀附权贵、追逐私利而积累下的财富,都不会散发一点金银的光彩,只能闻到刺鼻的臭秽之气。只有亲自耕耘、辛勤劳作,不四处钻营谋求私利的人,即使只积累了三五两银子,也会散发出三四尺的白光!世人看不见,但我们是知道的。"

马晋又问:"那我以授课教书为生,所得报酬应该有金光吧?"朋友说:"不是这样,你身为老师却尸位素餐,对人家子弟毫无助益;偶尔自己写字作画,却伪造名人的落款来欺骗不懂行的人。即便拥有千百金银,也只是冒着黑烟,腥臭逼人罢了……"马晋十分懊丧。

第二天,马晋走到朋友所指的有金银气的地方探寻。原来那户贫寒人家是一个寡妇在居住,她每天早晚纺织,只积攒下四贯铜钱,却打算让孩子拿去送给老师!这样的家庭虽然贫寒,房子上却早已冒着金银之气!

(出自清·梁恭辰《劝戒录·金银气》)

南怀瑾：发了横财，也不要独占

有一天，南怀瑾南师身上仅剩五块钱，舍不得坐车，于是走路去学校。途中看到一家卖奖券的（彩票），而那天也是开奖的日子，他于是干脆用仅有的五块钱买了一张。傍晚返回时，竟然中了五百元。

南师到市场买了米、菜和一些日用品，用掉了一百多元。回到家门口，听到邻居夫妻吵架，才知道也是家中没钱买米。南师于是拿出三百元，太太问道：你怎么有钱了？南师说：早上买奖券中了五百元，你把这些钱送给他们吧。

这就是南师的慈悲喜舍心。

除了慈悲喜舍之外，我们中了奖券，发了横财，也不要独占，总要拿出来做点好事，方不负意外之喜。

（出自张善静《南公的慈悲喜舍》）

他做生意次次留余地,次次都挣钱!

清代福建浦城商人周之缙,经常到福州贩货,每次都能获利。但周之缙每次与人清账时,凡是归自己所得的,必定抹去零头,而且假装不知道。有人告诉他错了,他却笑着说:"没错,我只是为子孙留下点余地而已。"

周之缙的三哥很忌妒,也模仿他做生意。但奇怪的是,就算是货物品类和出发日期完全相同,哥哥每次还是都赔钱。

有一次,周之缙的运粮船在半路上破了。有人说省城米价昂贵,哥哥于是先去省城卖米,这次果然获利不少!但等周之缙到省城后,米价竟然又涨了一倍,获利更多!这下哥哥彻底服了。

周之缙的处处给子孙留下余地,其实是处处给别人留下余地。这样不但做生意挣钱,而且他后来还凭借孙子周凤雏的官位得以受封四品官衔,曾孙也高中举人。果然是处处给别人留余地,最终都留给了子孙!

希望大家都能学会这个方法:处处留余地,处处有余利;处处存厚道,处处得天道。

(出自清·梁恭辰《劝戒录》)

破财,是怎么破的?

清代乾隆年间,河北献县有个小吏王某,专门耍笔杆子帮人打官司,趁机敲诈勒索他人财物。但奇怪的是,王某每得到一笔不义之财,必然有另一起意外事故来破财。当时衙门旁有个城隍庙,有天晚上,庙里的道童听见大殿里有两个官吏拿着簿子在对账。其中一个说:"那家伙今年搜刮的钱财可真不少,得想个办法让他损耗损耗。"另一个说:"只要一个翠云,就够他受的了!不用那么麻烦。"这个道童常年在城隍庙里,对这种对话早已司空见惯,但就是不知道翠云是谁,要破财的又是谁?

不久,县里的青楼就来了一位翠云。小吏王某立刻就被迷得神魂颠倒,在这个翠云身上花掉了九成不义之财,而且还染上了一身恶疮!然后四处治病,又把剩下的积蓄全部花光了。当时有人估算了一下他搜刮的不义之财,大约有三四万两银子。王某最终发狂暴亡,连买棺材的钱也没有!

所以你看,《大学》中说:"货悖而入者,亦悖而出。"以不正当的方式得来的财物,最终也会以不正当的方式消耗。这就是明证!

(出自《阅微草堂笔记》)

如果赚了不该赚的钱,该怎么补救?

清代顺治、康熙年间的名臣魏象枢曾说:"凡不义之财,不可以供神,不可以祭祖,不可以献亲,不可以留给子孙,不可以修家祠堂、置坟地、买书籍。惟可以用来济贫困、救荒年,为他人施良药、藏遗骨,修桥补路,这样或许可以。"

当然,不义之财是绝对不能拿的。

梦参老和尚也曾开示说,非义之财构筑的房舍建筑,周围的环境很快就变化了……暂时好像是得到清净,这个清净马上又变成污染,富贵不长久……

所以,如果你挣了不该挣的钱,十分后悔想改过补救,可以参考上述说法。另外,千万不要将不义之财拿作私用,这样是错上加错!用来行善助人,然后永不再犯,才是真正的改过迁善。

西汉高人的财富观,学会你将终生"有余"

西汉高士严君平,在成都以占卜为业,每天挣得百钱后就关门读书著作。有个叫罗冲的富豪很钦佩严君平,想资助他谋个一官半职。谁知严君平却说:"你还没我富呢!怎么好意思让钱不够的你,来资助钱花不完的我呢?"

富豪纳闷了:"我家藏万金,你连一石粮食都没有,你说错了吧?"

严君平说:"夜深人静的时候,整个成都的人都睡了,你们全家还在忙忙碌碌地盘算着如何挣钱,这不正好说明了你家特别缺钱吗?我虽以占卜为业,不出门而钱自来,现在剩余的钱堆满了灰尘,我都不知道该如何花,这不正好说明我的钱有余,你的钱不足吗?"富豪听完惭愧万分,而严君平不但"知足常乐",最终还高寿95岁去世。

所以,再有钱的人,如果心不满足,那他依然贫穷,因为他永远活在"不够"之中,再贫穷的人,如果心是满足的,那他就是富足的,因为他一直活在"有余"之中。

(资料出自三国·皇甫谧《高士传》)

德行有亏先破财

浙江桐乡人姜应兆,为人谨慎敦厚,平生滴酒不沾。他在乡间教书时,来学习的人很多。有一天,他遇到一个醉得不省人事的邻居,就扶这酒鬼回家,在搀扶时摸到他的袖子里有金子,便悄悄拿走了。

当晚,他的一位学生在私塾里听到有人说:"这家主人德行有亏,但因为他一向谨慎,不忍立刻降下大难,先惩戒一下。"

天亮后,学生把这件事告诉了姜老师。他听得心中惊惧,向来滴酒不沾的他竟从此开始嗜酒,天天买醉。半年时间就把偷来的钱全送给卖酒的了。而且学生们也都散去,自己倾家荡产,形销骨立。可无论家人怎么劝,他也听不进去,还是酗酒、酗酒……

有一天他又去酒家,忽然有个女子主动来投怀送抱。他心想:"当初就因为一念之差,落到现在这步田地。人生几何,怎么能再犯错而贻误一生呢?"于是他坚决拒绝了这个女子。当天晚上他就梦到有人对他说:"上次你偷了钱,所以用酒来耗散你。昨天你做了善事,就免去了……"

福报的秘密

天亮后,姜老师又像以前一样厌恶酒了。学生们也开始纷纷回来上课,家里又渐渐富裕起来,最后得以善终。子孙后代中还出了闻达之人……

所以说,千万不要做亏心事啊。暗室亏心,但神目如电!德行有亏,轻则损耗,重则就难说了!但同时我们也要看到,洁身自好,拒色拒淫,人生反转也是来得很快的啊!

(出自《平旦钟声》)

Part 12

量大福大
The more the better

心量打不开，福报进不来

明代名臣徐晞，不是进士出身，一开始只是一名小吏，后来竟一步一步升为兵部尚书。徐晞有位同僚，年纪轻轻就高中进士，因此很看不起徐晞，常常故意骂自己的下属为"狗吏"，其实是指桑骂槐讽刺徐晞是小吏出身。然而徐晞从不介意。

没过多久，那名同僚因病去世。令人意外的是，徐晞为他置办棺木入殓，又把他送回老家安葬！大家因此更加佩服徐晞的仁厚与宽宏大量！

徐晞后官至兵部尚书，其子徐纳、其孙徐世英都官居高位。

所以，福报大不大，先问你的肚量大不大。很多人做了很多善事，但福报却迟迟没来。这个时候需要问一问自己，我们平时在待人接物上，在一些小事上，肯不肯放过自己，又肯不肯放过别人呢？心量打不开，福报就进不来。所谓厚德载物，大度能容，心量和肚量都打开了，福报自然也就进来了。

（出自《德育古鉴》）

当你学会了替天容人，积福之门从此大开

明代善书《迪吉录》中记载，福建福清人文绍祖，儿子与柴家的女儿订完婚、下完聘礼后，柴家女儿突然中风。文绍祖想退掉这门亲事，谁知妻子生气地说："我们的儿子应当顺应天理、讲究信义，这样自然能够长久。违背礼仪、伤害大义，这叫快速召祸！"

因此文家坚持把柴家中风的女儿娶进门。

谁知第二年，文绍祖的儿子就高中进士，儿媳妇的病竟然也痊愈了！他们还生了三个儿子，全部高中进士。

清代善书《安士全书》中说："自古以来有娶盲女、病女为妻的人，这类人大多身荣子贵……只因为他存心厚道仁慈，能替上天包容一人，上天自然也会优待于他！"

收养孤儿，扶贫济困，助病帮残，以及帮助那些有缺陷无法正常生活、有困难急需帮助的人，都叫"替天容人"。

替天容人，天必报之。

（出自《迪吉录》）

有大度量之人必有大福

清代名臣汤金钊的曾祖父汤老先生,小有家业。有一年汤老先生在老家盖房,一群地痞故意阻挠说:"上梁的日子必须由德高望重的老人选定,而且梁上必须贴上'十恶大败'四个字,这样才不会妨碍我们全乡!"

要知道,老家盖房往往是头等大事。这种情况谁能忍?可汤老先生竟然答应了这群地痞的无理要求……

上梁当天,恰逢知县下乡。于是问怎么选了这么个破日子?而且梁上还有"十恶大败"四个字!得知实情后,知县立刻拘拿选日子的人,可对方却说:"日子虽然破败,但有文曲星降临,不碍事。"知县听后十分感慨,对汤老先生说:"有大度量之人必有大福,本就不是凶神恶煞所能害的!"

汤老先生的曾孙汤金钊,22岁乡试第一,27岁高中进士,后成乾、嘉、道、咸四朝元老。汤家世代积德而不求人知,就算选了烂日子又如何?就算梁上贴有"十恶大败"又如何?福报根本挡不住!

(出自清·梁恭辰《劝戒录》)

凡事宽以待人，得饶人处且饶人

明代官员陈良谟有一年和一群举人同船，中途陈良谟的家僮和人打架，陈良谟立刻斥责家僮，并让对方也离开。

本来事情已经平息了，谁知同船有个举人却不干了，又骂道："呸！你们是什么人？竟聚众到官船上打劫，反说我们的人打了你们！"结果又将对方绑起来打了一顿，不依不饶，直打得对方磕头求饶才将其赶走！事后这举人反而还得意扬扬地说："仁兄啊，你真迂腐！今天做官的，靠'天理人心'做事已经过时了！"陈良谟顿时无语。

后来这名举人在官场上依然只凭意气欺虐百姓，再后来被降职，最终背上长毒疮而死，而且绝了后……

所以，凡事宽以待人，得饶人处且饶人。《格言联璧》中说：富贵家不肯从宽，必遭横祸；聪明人不肯学厚，必夭天年。得理不饶人，灾祸找上门啊！另外也不要觉得对别人凶狠一些没什么影响，君不闻：使人敢怒而不敢言者，便是损阴骘处！

(出自《太上感应篇图说·乐人之善》)

天道终不负人

乾隆年间，北京宛平人陈鹤龄，原本是富户，后家道稍有衰落。陈鹤龄的弟弟去世不久，弟媳就要求分家，可分家就分家吧，弟媳说："兄长你是男子汉，能经营，我一个寡妇，孩子又年幼，所以请分我三分之二的家产。"当时亲族都说不可。但陈鹤龄却说："弟妹说得有理，就这么办。"

弟媳一看这么好说话，于是又有了幺蛾子。她又说道："我们孤儿寡母的，不方便出去讨债。所以咱家所有的外债也应当作财产的一部分，这些分给大哥您。其余现金财物，归我们。"陈鹤龄虽然有些委屈，但最终还是答应了。可手里攥着大把借据也讨不回多少钱，搞得自己的生活越来越穷。

但你以为老实厚道的人只会受欺负吗？

乾隆戊子年（1768），陈鹤龄的儿子陈三立竟然高中举人！在此之前，陈家世代从来没有中举的人，这简直相当于祖坟冒青烟了……因此有人感叹道："天道终不负人也！"

如果是你,你会像陈鹤龄这样做吗?

(出自《阅微草堂笔记》)

为什么风水的力量大不过人心?

《太上感应篇汇编》中记载,有个叫陈栻的人,请了一位风水师来看自己家的祖坟。当时陈家祖坟前有棵大树,而且还是别人家的祖坟上种的。风水师认为:这是"闭塞天心",一定要把这棵树弄掉,否则将影响科举功名。于是,风水师劝陈栻去买一种鱼刺,暗中毒死这棵树。但陈栻却不肯这么做,并说:"彼此都是想图个吉利,况且这棵树已经长得如此茂盛,我怎么忍心毒死它呢?"

然而不到一年,这棵树竟然被一场大风连根拔起。所谓大树"闭塞天心"的祖坟,从此豁然开朗。陈栻之子陈煃,后来科举连中,官至御史。

所以说,好风水也敌不过好人心,大树"闭塞天心"又如何,最怕闭塞了人心。天道无亲,常与善人……

(出自《太上感应篇汇编·用药杀树》)

世事让三分,天空地阔

《太上感应篇汇编》中记载,台州人彭矩,仁慈谦逊。他曾和某人同住旅店,后来先离开了。可对方发现自己的雨伞找不到了,并怀疑是彭矩所偷,于是到彭家怒骂。后来又觉得彭矩似乎懦弱怕事,于是又说自己的衣服也不见了,要求赔偿。

彭矩没有计较,竟然如数赔给了他。

这还不算,曾有人偷彭家的菜,彭矩假装不知道。有邻居侵占彭家的地,彭矩也不管不问。后来这个邻居遇到官司,彭矩却丝毫不计较往事,反而努力帮他周旋,令其免于牢狱之灾。

彭矩此前无子,后来梦见有人对他说:"因为你忍辱仁柔,力行善事,已经准许了你的祈请。"此后彭矩连生三子。有一年蜀地发生灾乱,十室九死,唯独彭家安然无恙。

有人经常说,你老让我忍,总是让我让,我这不是傻吗?清代中兴名臣曾国藩曾说:"世事让三分,天空地阔;心田培一点,子种孙收。"

忍中求福，慈中求福，宽中求福，如此方得天官赐福。

（出自《太上感应篇汇编》）

让步为高，宽人是福

明代名臣杨翥(zhù)，邻居家修房子，房檐伸得过长，一下雨，水都流到了杨家的院子里。家人愤愤不平，杨翥却说："一年到头总是晴天多，下雨少，流点雨水也没关系。"

还有一次，杨家祖坟的墓碑被一群小孩玩耍时推倒了。等守墓人去报告时，杨翥却先问："小孩受伤没有？"守墓人说："没有。"杨翥说："真是幸运啊！"然后反过来安慰小孩们的家长说："要好好对待孩子，至于墓碑被推倒这件事，不用害怕。"景泰三年，杨翥官至礼部尚书，后高寿85岁而终。

古人云：让步为高，宽人是福。试问今天有几人能"让步"，又有几人能"宽人"呢？你若不信，你就试试？

（出自《德育古鉴》）

🍐福报的秘密

你自己不行善,千万不要阻人行善!

  清代桃源县秀才陈宗洛,家里很穷,却发心募资重修乡里专门收养弃婴的育婴堂。募捐时有个守财奴不但不想出钱,还骂他说:"你一个穷书生不自量力,我们的钱难道会让你拿去私吞?"陈宗洛一气之下决定自己干,并发愿陈家子孙世代收养弃婴,人人都要全力去做!

  陈宗洛后来高寿90多岁,健康长乐,子孙富贵双全!

  而当初骂陈宗洛行善的那位守财奴,50多岁时三个儿子都死了,而且疾病、诉讼、盗贼接踵而至,最终家财耗尽,竟沿门觅食……

  所以,你行不行善是个人的选择,但别人发心行善,你千万不要去嘲讽、谩骂乃至阻止。自己不做还阻止别人去做,这里面的因果复杂,千万注意!

(出自清·梁恭辰《劝戒录》)

人若欠你，天必还你

明代江西人谢述，乐善好施，为人谦让。有邻居侵占他家地界，他自我宽慰地说："占得了地，占不得天。"谢述一生宽和仁厚皆如此类，后高寿75岁而终，子孙昌盛显贵。

南齐朝时人韩系伯，担心自己家桑树枝叶过大，会妨碍别人家作物生长，因此主动把自家桑树向地界内移了数尺。可邻居立刻得寸进尺，趁机侵占了韩系伯让出来的边界。韩系伯什么也没说，再次将自己家的桑树内移，依然怕挡了别人作物的阳光。久而久之，邻居们感动且惭愧，并归还了之前侵占的地界。韩係伯也是长寿而终。

唐代朱仁轨曾说："终身让路，不枉百步；终身让畔，不失一段。"意思是，终身给人让路，加起来也不会多走百步；终身让出田界，也不会失去一段。

许多人经常说被人占了便宜。可正如谢述所说，别人占得了你的地，占得了天吗？算得过人，算得过天吗？要知道：人若欺你，天必护你；人若欠你，天必还你。

（出自《太上感应篇汇编》《昨非庵日纂》）

当你生气的时候,请立刻想到这句话,妙用无穷!

藏传佛教中的米拉日巴尊者是一位大成就者。

有一次,一位大施主请修道士们吃饭。用餐时,左边坐着米拉日巴尊者和他的大弟子们,右边坐着另一门派的修道士。因为米拉日巴尊者的威德,对方门派也有一部分人皈依了尊者,他们也都坐在尊者的旁边。

过了一会儿,对方门派的头目就开始攻击米拉日巴尊者。刚开始还旁敲侧击,后来竟然直接辱骂。尊者的大弟子看不过去了,抄起木棍奋身而起,可是这时米拉日巴尊者却拽住弟子,说了一句让所有修行人受益终生的话。

尊者说:"赶快抓住这个机会,去掉自己的习气啊!"

所以,当你生气的时候,请立刻想到这句话——"赶快抓住这个机会,去掉自己的习气啊!"如果你能时时想起,真是妙用无穷!

人走运时还能这样做,必能长久兴旺

明代万历年间,首辅、太子太师申时行告老还乡后,有一天在街上碰见多年未见的昔日邻居王皮匠。于是主动打招呼说:"老头还认识我吗?"王皮匠大吃一惊,说:"太师,你怎么到我们这种低贱的地方来了?"当即就要跪倒。

申时行急忙将他扶起,并进屋叙旧。过了一会王皮匠才笑着说:"浊酒已熟,能喝一杯吗?"申时行很高兴,开心痛饮。恰好这天抚军在虎丘设宴,邀请申时行却迟迟不见人,于是派军官来找。申时行说:"贵人的酒容易吃,老朋友的酒却难遇!抱歉我不能去了。"最终留下,第二天又派人资助了王皮匠。

申时行后来79岁而终,子、孙、曾孙都官至高位。

为什么要说这个故事呢?

元代《景行录》中说:"富贵之家,有穷亲戚往来,便是忠厚有福气象。"秦东魁老师也说过:走运时还有穷亲戚朋友来往,其家必能长久兴旺。

想想我们今天,多少人发达后还记得儿时的玩伴?富贵了还有穷亲戚往来?其实,表面上看那些穷发小、穷亲戚对你没有任何帮助,实际上他们可能是你不忘初心、保持淳朴家风、延续福报的方式之一。

你见到他们满脸嫌弃绕道而走,长此以往,福也一点一点远离你了……

(出自《太上感应篇例证》)

Part 13

福不唐捐，善不空行

Good fortune is never wasted; good deeds are never in vain.

如果命运无法改变,那就一直行善

清代官员吴崧甫,曾以教书为业。有一次,他的学生梁恭辰兄弟俩找来一个相士,顺便替老师也问了问。对方说:"你们老师学问很好,可惜外貌不扬,将来也许能得个教官一职吧。"可吴崧甫本来就是教师,这分明是委婉地说他前途无光!

有年冬天,吴崧甫准备参加会试,因此辞职。梁恭辰的父亲资助了他一笔路费。可不久吴崧甫的哥哥就去世了。临近年关,家无余财,无法入土为安。吴崧甫立即把赶考路费全部给了哥哥家做丧葬费。自己春节则被人追着要房租,窘困无以自存!

到了正月,吴崧甫放弃赶考,一脸惨淡地回到教书的地方。梁恭辰兄弟惊问其故。吴崧甫说:"会试已经没戏了,教书也辞了,生计将断。"梁恭辰兄弟等人当即拿出压岁钱,为老师又凑了一笔路费。

道光壬辰年(1832),吴崧甫高中状元!

之前明明有人说他其貌不扬,顶多做个教官,为什么现在差异这么大呢?

梁恭辰说:"我觉得固然是善有善报。但没有像我老师转变这么快、这么大的!如果他不是倾其所有支援哥哥一家,就算参加会试也未必高中,就算高中也未必能中状元啊!"

(出自《道德丛书》)

大量行善命运还没改变,可能是这个原因

经常有人问我,说自己每个月都做善事,甚至固定拿出一些钱来布施,可为什么坚持下来命运一直没有发生改变?

其实一句话就说明白了:单从行为上去改变可能会慢一些,最重要的是心的改变。

什么意思呢?我们经常做各种善事,这很好,也能积福德。但我们要问自己,我们的心改变了没有?为人处事上是不是还是贪嗔痴慢疑不断?比如你又布施又放生,去了单位遇见领导、同事不友善,你是否嗔恨心就起来了?做了点好事却迟迟没见回报,你是否就开始怀疑、抱怨了?偶尔做了些坏事,是不是就心存侥幸觉得没人知道?

要知道,修行二字,修是修正,行是行动,一边修正一边行动才是真修行。你这边积福行善,那边内心没有丝毫改变,一边灌水一边漏水,你说你的命运为什么没有改变?

如果仅仅从事相上努力,可能来得比较慢。如果修正自己的内心,这颗心发生了变化,再配以切实的行动,那样变化才会来得快。

当你倒霉透顶时,千万要做这件事

很多人问我,人生低谷时应该怎么做?

我个人的经验是——

如果你一无所有,就拼命地去行善吧!你有求也好,无所求也罢,反正不管怎样,都要坚持去行善积福。因为反正都一无所有了,就算行善没有收获又如何呢?你都那么低谷了,做别的还不是一无所获吗?所以不妨干脆一直做下去,做善事,为自己,也为别人。

所以,当你人生穷困时,善事千万别停。

无论怎样穷途末路,也要保持一颗向善的心;

无论怎样天不遂人愿,也要保持一分善良;

无论你觉得多么低谷,这世上总有人比你更苦。

不要愤世嫉俗,不要怨天尤人。

只管笑对人生,勇猛行善,如此迟早都会改变。

不信,你就试试。

人生走投无路时,善事千万别停

有对夫妻多年没孩子,妻子不育,不想耽误丈夫,于是提出离婚。可丈夫很爱妻子,宁愿领养一个孩子也不愿离婚。妻子后来也不再提了,只是说等将来家里宽裕了再领养。

有一年春节,来了个中年妇女乞讨,妻子先是给了个红包,看到大雪天这妇女还穿着布鞋,而且没有袜子,于是恻隐之心大动,又将刚买的棉袜送给了对方。中年妇女说,你们家小孩呢?夫妻俩说,没要。谁知妇女说,冬天的时候你们会有的。转身就走了……夫妻俩心想现在的乞丐真是油腔滑调,要是知道我们家的情况就不会乱说了。

然而十个月后,夫妻俩喜得千金,妻子甚至都回忆不起来那中年妇女的模样,只记得她大雪天光着脚穿鞋,很让人心疼。

我知道很多人经历过低谷或正在低谷中。我也经历过绝望的时刻。但请记住一点,人生山穷水尽时,善事千万别停!一不要愤世嫉俗,二不要怨天尤人,无论怎样走投无路,都要保持一颗向善的心。有时候不是没有福报,只是需要一个缘而已。只不过有的人选择坐等缘来,有的人选择广结善缘,所以这结果自然不太一样。

我们所走过的路,行过的善,也许会立刻显现,也有可能厚积薄发。福报什么时候来,我们并不知道,但发善心,修善行,却能牢牢掌握在自己手里,当下可做,时时可做!

行善必须无求吗？

经常看到有人说：行善不能求回报，不然没功德。行善如果有所求，就不是真善。

好，那请问一下。有地方遭灾，我打算捐点款，难道因为我有所求，就不捐了吗？我病了，我想去放生。因为我有所求想自己病好，所以就不放生了吗？我想增加点收入，正好有个人很困难，我打算救济一下他，因为我有所求了，我就不救济了吗？这世上哪有这样的道理？

有件善事摆在眼前，难道因为我有所求，这善事干脆就不做了，我先自责一番，然后扬长而去？这不是开玩笑吗？如果别人刚做点好事，因为你说"发心不纯"而不敢继续，这就阻人行善了。

那么行善无所求对不对呢？当然对！

但这是更高维度的标准。我们普通人暂时做不到。我们只能一层一层去修。有所求也可以大力行善，逐渐到达无所求的境界。最终我们还是要认识到，世间福报终不长久。短暂的满愿和实现，并不能彻底解脱，最终还是要往无所求的方向去。

行善必须无求吗？

　　印光大师说：无所求而行善，只可以对上等根基和有智慧的人来说。中等根性以下的人，必定要借助有所求来引导，他才去多多行善。可今天却说要无所求去做善事，这是阻拦一个人的向善之路啊……佛经中也说"先以欲勾牵，后令入佛智"，有时先以利益引导众生入门，帮助他们慢慢走入正轨，最终到达至善圆满。

　　如果用最高标准去要求他人，那世间就没多少人敢行善了，因为一开始都做不到。普通人行善本来就寥寥无几，更应该多加鼓励。我们自己更要注意，自己善念刚起，结果因为深究发心和动机，最后反而放弃了，这不是与善事失之交臂吗？

　　所以无论自己行善还是劝人，一定要有智慧，要学会观机。我们心中可以有最高标准，但行善时不要背着那么重的心理包袱。大胆、努力地去做吧！行得一件，是一件。

这类文字只要在世上流通,都是功德无量!

曾经有表兄妹二人,都是名门之后,才貌双绝,彼此爱慕。但碍于家长,无法传达情意。有一次,恰逢宴会唱戏,表兄见表妹不在席上,于是四处散步。来到一间书房,见表妹醉酒卧榻。佳人在前,表兄大喜过望,正欲亲热。忽然碰到墙壁,一个小卷轴掉在地上,打开一看原来是《戒淫文》,其中语言严厉,令人警醒,表兄读后吓出一身冷汗,急忙跑开了!

虽然说这位少年本来就有善根,但如果不是他人流通《戒淫文》,如果不是机缘巧合在这关键时刻看到,如果不是这一下当头棒喝,少年必铸下大错。

所以说,劝善惩恶的文字,不论是书本还是单页,只要在世上流通,都是功德无量。即使有人丢弃或轻慢,但哪怕有一个人尊重奉行,也能如灯火一样,灯灯相继、传之无穷;哪怕有一个人警醒惊觉,都能转败为功、转祸为福。

(出自清·梁恭辰《劝戒录·江铁君述四事》)

帮别人清除障碍，你的人生自然无障碍

《安士全书》中记载，元朝周德，家中贫穷，但非常喜欢做善事。路上只要遇见垃圾、容易让人滑到或障碍人们走路的东西，必定会清除。看见跛子、瞎子，必定会去搀扶。种种善事，力行不倦。

后来周德梦见一个老人，折下一枝桂花送给他说，赐你一个贵子，以报答你的善行！周德后来果然生下一子，二十岁就登科了。

有个粉丝曾经说，他之前开车轮胎总是被扎，一年补好多次胎。后来他发心，在路上看见钉子、玻璃渣子就捡起来，不要让别人的轮胎也被扎。这样坚持了几年，说也奇怪，他的轮胎再也没有被扎过。

所以你看，你帮别人清除障碍，你的人生自然没有障碍。

(出自《安士全书》)

93岁老人，竟用这种方法为子孙积福

我四五岁的时候，有一个夏天傍晚，快要下暴雨前，太姥姥裹着小脚，颤颤巍巍沿着墙根用麦皮喂蚂蚁。我好奇地问："蚂蚁咬人，喂它们干什么？"太姥姥微笑着告诉我，天要下暴雨，如果这么多蚂蚁寻不到食物，会饿死的。这么多条生命，我是在给你们这些后辈积德，你长大后好有福。

这件事我一直记忆犹新。太姥姥一生乐善好施、善护口业，从没听她说过别人的短处，多是赞叹别人的话。我从记事起，就经常听太姥姥讲古戏。长大后才知道那是《了凡四训》和《地藏经》中的故事……她一生慈悲喜舍，也长养了我的善根。

太姥姥一生都很受人尊敬，出身富贵人家，衣食无缺，最终93岁无疾而终，而且还有孝子贤孙，是难得的五福之人！

（出自粉丝留言讲述）

一念小善的惊人厚报

南朝梁陈时期的诗人阴铿，有一次和宾客们饮酒，看到旁边的斟酒人一直在忙碌，于是便给了斟酒人一些酒肉。宾客们都笑阴铿，阴铿却说："我们终日酣醉，可是为我们斟酒的人却不知酒肉味，毫无人情味！"

公元548年，"侯景之乱"爆发，梁武帝被囚禁致死。阴铿也在侯景之乱中被擒。生死存亡之际，突然有个不认识的人把阴铿救了出来！劫后余生的阴铿，忙问救命恩人是谁。对方答，正是当年座中斟酒人。

你看，这个因果简直比中彩票的概率还低。但它却告诉我们：你的每一次真诚发心，每一个真心实意的善念、善行，从来没有财物上的大小多少之分。正如阴铿只是请陌生人喝了一杯酒，他日却因此救他一命！我们永远也猜不到，即便是一念小善，它会以何等惊人的方式厚报我们；我们也永远也猜不到，善与恶，将来会在什么时间，什么地点，以怎样的方式，用怎样的量级，等着我们。但有

福报的秘密

一点可以肯定,福不唐捐,善不空行!

(史料出自《南史·阴铿传》)

那些说"好人没好报"的,你们应该好好看看

清代名臣张廷玉曾说,行善事,可以端正一个人的品行。如果说善有善报,那么还有人行善暂时没有得到善报的呢?这好比写文章。文章写得好,便有可能中举。但这世上不也有很多文章写得好,没有中举的人吗?所以不能因为写了好文章没有中举,便不去写好文章了。

同样的道理,很多人说"好人没好报"。但不能因为行善暂时没有得到好报,就不行善了吧?好人暂时没得好报,难道我们就不去做好人了吗?难道就要做坏事、做坏人吗?还有人说某某做坏事为什么还在逍遥快活?难道说作恶暂时还没有恶报现前,我们便要学他们去作恶、去造业吗?天下哪有这样的道理呢?

俗话说,庄稼不收年年种。难道因为今年收成不好,从此就不种庄稼了吗?

40年，做了一万多件善事

宋代官员杨旬，儿子杨椿24岁就高中状元。杨旬的上司建议他早点辞职好享清福。可杨旬深知"公门之中好修行"，因此不想辞职，反而神秘地对上司说："我做了40多年官吏，存了三个口袋，可以打开看看。"

上司打开后发现：第一个口袋里有39个大钱，第二个口袋里有4000多个中钱，第三个里面有一万多个小钱。杨旬这才说："每次判决犯人时，有判刑过重的，我就极力请求上司，将他们的死罪改为流放，成功一次就存一个大钱。有判流放的，我就请求改为杖刑，成功一次就存一个中钱。判杖刑的我请求宽大处理将他们放了，这样就存一个小钱。每做成一件善事，我都存一个钱。今天我儿子高中状元，其实都是一点一滴积累的。你说我怎么敢放弃公职而求安逸生活呢？"

杨旬之所以不想辞职，是因为他不想放弃每一个行善积德的机会，他四十年如一日，存的是钱还是福德呢？真是"公门之中好修行,远在儿孙近在身"!

(资料出自《太上感应篇汇编》
清·宋楚望《公门果报录》)

没钱,你可以劝人行善啊!

明代学者陶奭龄和朋友张芝亭参访某寺院时,见有渔夫卖鳝鱼数万条。陶奭龄对张芝亭说:"我不忍这么多生命被宰杀,我想把这些鳝鱼都买下来放生,奈何力量单薄,想请兄台一起募资,劝化大家共成此善事,不知如何?"张芝亭欣然答应,并先出一两银子,随后众人又凑了八两,买下所有鳝鱼沿河放生。

当年秋天,陶奭龄梦见有人对他说:"你本来不该科举高中,因你放生有功,得早一科中试。"后来陶奭龄果然高中,于是说:"当时我虽然发心,但实际上却是张芝亭出钱募集的,功德怎会独归于我呢?"几天后传来捷报,张芝亭同样高中!

你看,陶奭龄只是第一个发心倡议者,并未出资或出资较少,但功德却同样很大!所以,当我们想做善事又无能为力时,不要轻易退缩,不必考虑自己有钱没钱,但问自己有心无心!

没钱?你可以劝人行善、扬人之善、共同行善,所得功德,同样巨大!

(故事出自清·刘沅《太上感应篇注释》)

Part 14

不占便宜，吃亏是福
Don't take advantage, taking a loss is a blessing.

便宜好占恨难消!

不管你有钱没钱,千万不要占便宜,因为便宜好占,怨恨难消。

一是占弱势群体如小商小贩或打工人的便宜。钱虽不多,但容易招恨。小商贩生活不易,每一分钱都看得很重。你占的便宜虽小,但人家的怨气大啊!大家自己想一想,如果你被人占了便宜,虽然损失不一定很大,但你是不是会惦记很久,恨意难消呢?恨意不除,恶缘难解啊。

清代名臣张英曾说:终身不占便宜,就是终身得了大便宜。

第二种情况更严重,就是有钱人抢夺穷苦老百姓的钱,这叫"与民争利"。老百姓的怨气更大。众怨汇聚,祸之始也。如果万千人都记着你,骂你、恨你、怨你,你猜结局会怎样?老百姓图的是生活太平,有时候受点损失甚至可以一忍再忍,但恨意难消啊!

古人有句话叫做"万箭穿心",就是形容万千怨恨汇集一人之身,你猜他还会好吗?

老天要帮的人,谁也拦不住

清代著名学者毕沅,曾在军机处工作。乾隆二十五年(1760)殿试前一天,毕沅与同事诸重光等在军机处值班。诸重光说:"今晚麻烦您代我值下班。"毕沅问其缘故,诸重光说:"我们的书法都还行,如果考中了,还有希望在殿试中争取状元、榜眼或探花,所以要早点回去复习。像您的书法,即便考中了,敢有非分之想吗?"因为当时科举重视书法,毕沅自知书法一般,所以也没说什么,欣然留下值班。

当晚,陕甘总督在奏折中提到新疆屯田一事,毕沅按惯例熟读奏折。谁知第二天殿试,乾隆因为刚刚开辟新疆,便问及新疆事宜。毕沅对答冠绝全场!原本第四名,竟被当场点为状元!事后众人无不感叹。毕沅后来成为著名学者,官至湖广总督。

试想,如果毕沅当时没有欣然留下替人值班,自然看不到新疆奏折,那么也没有后面的状元了。替人加个班,竟然成了状元!看来有时候吃点亏,还是有好处的。

(出自清·梁恭辰《劝戒录》)

占公家便宜,因果有多严重?

有位师兄讲述说,过去有个同事,一家三口都很实在,他儿子人也很好,有正能量,后来去当兵了。退伍回家时,听说他们家花了不少钱找熟人,搞了一个残疾军人退伍。

退伍后他儿子一边拿残疾人补贴,一边在厂里上班,很高兴。可是不久,他儿子的孩子生下来就没有肛门,不得不去省儿童医院做手术。而且这个小孩到了好几岁都不会说话,再一检查,脑子有问题,最终真成了残障儿童。

过了几年,他们又生了一个正常的女儿。但他父亲五十左右就中风偏瘫,也定了残疾。就这样一家人真成了残疾家庭!

经常有人开玩笑说他们一家都是吃公家饭。可是好好一个家庭,就因为贪图残疾军人补贴,结果家里两人残疾!这种公家的便宜真的不能占啊!如果当初正常退伍回来好好工作好好生活,也许就不是现在这个样子,可惜没有如果……

这种便宜千万别占,尤其要劝父母

我有个朋友,因为有公费,所以没事就喜欢开很多药,甚至囤很多药。因为要是不花出去就没了。结果本来好好的人,身体毛病不断。说实话,我见过占便宜的人,没见过追着占药便宜的;见过讨厌生病的人,没见过喜欢生病的人。

你虽然花的不是自己的钱,可这不是盼着自己生病吗?还有不少老人得了公家的便宜,家里囤着各种药,没病也买,病了更要买贵的、好的药,这不是希望自己生病是什么呢?你家里案头上摆着各种药,不是自己去招病是什么呢?别人摆财神、摆招财猫,你摆一堆药,你是想招什么呢?

所以大家有机会多劝劝父母,劝劝家人,这种便宜千万别占。你要实在有多余的卡,有免费的药,你布施给那些真正需要的人该多好!

懂因果的人,绝不会占便宜

北宋官员李士衡出使高丽时,对高丽国回赠的财物毫不在意,都委托给副官处理。回国时,副官把李士衡的财物都垫在船底,把自己的财物都放上边,以免受潮损失。意外的是,船行海上突遇大风,只得把所装的东西都扔到海里。无奈之下,那名副官匆忙又把东西扔到海里。刚扔到一半,竟然风平浪静,船又稳定了……

这下可好!副官扔掉的全是自己的财物!因为先前算计、占便宜,把别人的东西都压在下面,谁知最终扔掉的全是自己的财物!

所以,因果面前千万不要算计,也不要存侥幸心理占便宜。"人有千算,天只一算。"最怕的就是,你今天占的便宜,不知道哪天会在哪里失去,就像埋了个雷,随时可能爆炸,就问你怕不怕?

(出自沈括《梦溪笔谈·卷九》)

粉丝看了我的视频后，准备退出公司股东

有个粉丝私信我说，他们公司是做衡器的，也就是秤等计量工具。他是公司股东，也是执行人，可以说是核心管理层。但是他们公司做的秤都是八两秤，也就是八两秤当一斤秤用，靠缺斤少两的操作来获益。一斤少二两到一两五不等，十斤少两斤或一斤半，然后再免费提供一些赠品吸引顾客消费。

这位粉丝很纠结，因为长期看我的视频，深畏因果。所以向所有股东提出要更换标准秤，不能再缺斤少两了。可是遭到了股东和高管们的强烈反对。因为不做这种"缺斤少两秤"就会极大损害公司利益。他很烦恼，一边是利益，一边是不断制造八两秤，问我怎么办？

我说，什么公司靠缺斤少两来盈利？这公司难道不背因果吗？你卖给别人这种秤，别人买了不是去坑更多人吗？做假秤就能保证利益吗？作假能保证利润，我们就要去做吗？如果坑人有利润，我们就要去坑吗？而且，你明知这是坑人的事情，那就是明知故犯啊！

这位粉丝是深知因果可畏的,但如果他是员工还好点,大不了不干了,可他又是股东,不是说走就走的。

我于是说,如果你改变不了大家的决定,就只能先做好自己。你提了你的建议,也改变不了结果,只能说各人自负因果。如果能改变全公司当然是最好的,如果无法改变,先要独善自身。坑人的事情,短期获益,长期受损,而且这个所谓的八两秤一直流通,就会一直坑人,那真是流毒深远!

最终,这位粉丝说:我现在想把这个恶止了,把模式改良,不损人不害人,做好自己的同时,服务好客人,保证好员工工资,最后才顺道赚点钱。我会尽力说服股东,如果他们都不愿意整改,我就在合适的时候转让股份退出……

我最后对他说:恭喜你有了自己的选择……但有一点要注意,就算要退,也不要和人起争执冲突,友好退出,毕竟人各有志……

(出自网友"求己")

父母无德，会不会祸及子孙？

清代江苏常州有位道员，家境富裕却很吝啬，曾经想买一片菜园，反复摆弄想要压低价格。卖家着急用钱，他却趁机压价更加苛刻。道员的儿子在一旁特别看不过去，于是高声说道："父亲大人，您可以稍微加点价格，这样我今后再卖出去的时候，也能卖个好价钱。"道员愕然，从此稍稍悔悟。

后来道员去世，儿子一反父亲昔日所作所为，凡事处处厚道，竟然幸运地保全了家业免于败落。尽管父亲苛刻寡恩、吝啬无德，但儿子却处处替父亲弥补，可谓警世典范。

有很多父母造业祸及子孙的故事，甚至有少数人把自己的不幸归结于祖上无福无德。其实未必，父母祖上造业，我们不可改变；但自己为父母积福，却时时可为！如果父母失德，我们还怨恨父母，本来薄福，岂不是薄上加薄吗？父母失德，我们奋起改变，这才是积福的开始！

（出自清·梁恭辰《劝戒录·买业微言》）

等我儿子快饿死时,请把这笔钱交给他

北宋末年有个叫京德的人,为人忠厚,从不欺心。他有位朋友病重,担心自己儿子不长进,于是临终前把一千两银子托付给京德,并说:"我死后,这孩子一定不务正业,等他快饿死时,请把这笔钱交给他。"

朋友去世后,其子果然很快败家,但他根本不知道还有这笔钱。此时只有天知、地知、京德知。

但京德依然把孩子叫来,先责问他说:"你父亲是有产业的,你怎么弄成这副模样?"孩子惭愧不语。京德又说:"我有些东西对你有用,但怕你又拿去花天酒地。"孩子于是指天发誓,京德这才取出了他父亲以前存放的银子,而银子上的封条竟原封未动!也就是说,这笔钱京德看都没看一眼。

这孩子哭着说:"我父亲临死时,只叫我好好待您,从没提钱的事!谁知今天竟然会得到这么大一笔钱!您和他的友情真是生死不渝啊!"从此他彻底改过自新。

京德的儿子京仲远,后官至宰相。

所以你看，你若不欺心，天必不欺你。北宋名臣范仲淹在邓州时，状元贾黯来求教。范仲淹说："唯有'勿欺'二字，可终身行之。"

这句话，与大家共勉。

（出自《太上感应篇例证》）

你上街买菜,不要过分挑拣

当代高僧梦参老法师说:"你上街买菜,不要过分挑拣。有些人把人家的菜拣了又拣、剥了又剥,菜被拣得不能卖了。你该拿多少就拿多少,不要特别挑,这就是大悲心。要多为别人着想,处处以众生的利益为考虑才行。"

看完梦老的开示,我感到十分惭愧。相信包括我在内许多人都有这个毛病。这小小的挑菜行为,就暴露出我们的分别心、嫌弃心、不惜福的心,甚至占小便宜的心,一棵菜的背后其实是诸多习气。

反之,我们也可以借此培养时时为他人考虑的大悲心、同情心、悲悯心。菜市场里的小商贩做生意不容易,扒拉来扒拉去,损害的是他们的利益。超市里虽然无人看管,有人扒了一层又一层以为无人监督,但是自己才是自己内心最大的看护人。

所以,我们上街买菜,不要过分挑拣。

千万不要占小商贩的便宜,否则亏大了!

清代名臣张英说:"乡里挑担做买卖的小贩或替人做工的人,千万不要占他们的便宜。因为他们所挣的往往不过几文钱,我们可以把这几文钱看得很轻,但如果占了这点便宜,他们心中含的怨却很重!总有蠢人看省了一文钱,以为得了便宜,却不知道那些小人物失去那一文钱心中就会含怨,口中也会时时去说,那么你的损失就太大了。对待他们,言语最为重要,这些事并不费钱,但他们却能接受,与得了实惠相同……"

《朱子家训》中也说:"与肩挑贸易,勿占便宜。"《延寿药言》中说:"肩担小民,一钱五分本钱,入市营利,一家性命所系,我却要在他身上去讨便宜,能有几何?"

所以,千万不要占小商小贩的便宜。一来,他们生活不易,全家都靠着小生意为生。卖菜的、摆摊的、做小生意的,尤其遇见年纪大的、带小孩的、残疾人等,你能买就多买点,能支持就支持一下。二来,万一遇见有些把钱财看得很重的人,因小钱而生怨,一直含着怨愤恬记着你、念着你,这就因小失大了……

(引自丁福保《少年进德录》)

一辈子都喜欢占便宜,结果得了这个病

清代名臣纪晓岚有个仆人叫纪昌,从小喜欢读书,字也写得很工整。但纪昌有个毛病,为人非常有心计,平生没有一件事愿意吃亏,事事都要占便宜。

到了晚年,他竟然得了一种怪病。目不能视,耳不能听,口不能言,四肢不能动,全身麻痹萎缩不知痛痒,整天躺在床上像个植物人,只有鼻子还能呼吸。家人每天给他喂饭,他还能咀嚼下咽。请了很多医生来看,却发现他脉象平和,毫无病状,许多名医都束手无策。

这个状态拖了几年,纪昌才凄惨离世。

后来一位名叫果成的老和尚说:"这种病属于身死而心活,自古医书上没有这方面的记载,大概是他的业报吧。"

纪晓岚说,纪昌平生没有什么大恶。他只是贪图个人利益,处处爱算计而已。哪知道"天道忌巧",一个人过分机巧算计,却是造物所忌。这一点,值得我们警醒啊!

(出自《阅微草堂笔记》)

我可以免费，但你不能贪心！

你领过免费券吗？试吃过免费食品吗？结缘过免费书籍吗？

有种起心动念，你一定要注意。

有个朋友在一个小店里试吃牛肉干，可是贪心不足，临走时还不忘往嘴里塞了一把，试吃嘛，免费嘛，多吃点呗！不料走的时候由于太匆忙，竟然崩坏了牙齿！后来补牙花了上千元……

这里需要注意什么呢？

免费试吃、结缘、领取，这些都没有问题，毕竟是别人送出的。但是商家可以免费送，你不可以贪心！你可以去体验领取，但要留意自己的起心动念。有的人体验完了不买就算了，还要反复体验，这就是贪了。有的人免费结缘善书，这也没问题，但从此要求别人的善书都应该免费结缘流通，这就有问题了。

这类事，唯有自己留意自己的起心动念。不是说不该领取，该领就领，但要注意自己的内心是否有占便宜、贪得无厌的心态。长期觉照，会大有收获。

喜欢占便宜的人，命好不了

很多家长经常自豪地说："我家孩子精得很，在外面一点亏都吃不了！"

听完这番话，我反而更加担忧这个孩子的未来。

曾仕强先生曾说："大家可以想象一下，在这个世界上有谁是能够永远占便宜的？那就是乞丐。""喜欢占便宜的人，就是他的命不好。因为他会养成一种习惯。你看凡是舍得的人，他福气都很够；凡是舍不得的人，他都没什么福气。"

还有一点就是，喜欢占便宜的人，本质上是自己心里总觉得没有，总是觉得不够，这就麻烦了。一个总觉得"没有"和"不够"的人，慢慢地他的世界和环境就改变了——唯心所变嘛。

反之，肯吃亏、能布施的人，不管自己多还是少，本质上心里总是觉得还"有余"，因为自己有余才会不断给予嘛。这样，慢慢地他的世界和环境也就改变了，自己就经常有余了……

再有钱的人，如果总是喜欢占便宜，也始终是乞丐的心态；再穷困的人，如果总是布施和给予，他的内心也始终是富足的。